新古典红木家具

出品　广东省东成红木家具研究院

主编　郭琼　王克

中国林业出版社

題贈東成家具

東方造物文化
成就紅木奇葩
家居古樸典雅
盡顯禪意造法

景初

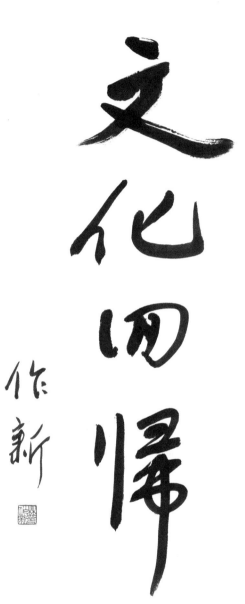

文化册帰

作新

图书在版编目（CIP）数据

新古典红木家具 / 郭琼，王克主编. —— 北京 : 中
国林业出版社，2014.2
ISBN 978-7-5038-7386-7

Ⅰ. ①新… Ⅱ. ①郭… ②王… Ⅲ. ①红木科—木家
具—基本知识—中国 Ⅳ. ①TS664.1

中国版本图书馆CIP数据核字(2014)第025545号

中国林业出版社　·　建筑与家居出版中心
出版咨询：(010) 8322 5283

————————————————————————

出版：中国林业出版社
（北京西城区德内大街刘海胡同7号，100009）
网址：http://lycb.forestry.gov.cn/
电话：(010) 8322 8906
发行：中国林业出版社
印刷：北京利丰雅高长城印刷有限公司
版次：2014年2月第1版
印次：2014年2月第1次
开本：185mm×240mm　1/16
印张：14
字数：200千字
定价：128.00 元

————————————————————————

本书在编写过程中引用了部分图片，因时间关系无法一一联系，
请图片版权所有人与本社编辑联系办理样书与稿酬事宜。

《新古典红木家具》编委会成员

目录

红木家具文化的自觉探索 朱长岭

　　文化是民族的精神灵魂，文化赓续的时间与内涵则意味着一个民族与国家的兴衰。

　　作为传统文化的一个分支，中国红木家具文化是红木家具实践、探索与发展的精神结晶，是融合了多种艺术元素又别具特色的独立产业文化。在"文化强国"的背景下，文化软实力是与之相关产业能否持续精久发展的终极支撑。因而，举目国际视野，文化论输赢已经能够成为各种产业的共识。红木家具文化同样需要继承与发展，提炼与充实，更需要盘点与传播、普及与提高。

　　回瞻中国红木家具的发展历程，已成不同的流派、不同的风格、不同的地域特色。但任何产业都会与时俱进，红木家具也不例外。尤其是改革开放以来，红木家具伴随商业化、市场化的深入而步入"群雄"并起，各展风韵，繁荣发展的"黄金期"。于是，以中国传统古典红木家具为基础，也出现了诸如"新古典"的红木家具。那么，"传统古典"与"新古典"有何共性，有何不同，"新古典"有何特色，有何价值，这都需要给予系统的梳理、诠释与整合。

　　《新古典红木家具》正是自觉探索红木家具文化，主动助推红木家具产业向好发展的文化实践。无论对红木家具产业，对广大消费者，还是对丰富中华传统文化意蕴，都不失为一件有益且富有远见的事。由广东中山大涌镇的红木家具企业、新古典红木家具的倡导者与经营者——中山市东成家具有限公司发起策划，华南农业大学林学院的老师与专家撰写的《新古典红木家具》一书，可谓校企联手，产学结合的一次成功尝试。

　　首先，这是红木产业文化整合的自觉探索。诸如"中国红木产业之都"、"中国红木家具生产专业镇"、"中国红木雕刻艺术之乡"这些金字招牌昭示我们,中山大涌镇在全国红木家具业界享有重要的产业地位与品牌影响。中山市东成家具有限公司作为新古典家具的提倡者与践行者,从做强做优新古典出发,策划提炼新古典红木家具文化,也是一个富有前瞻性的举动。这本书的出版,彰显了企业的文化自觉、政府的地域品牌意识、高校的知识转化作用。

其次,这是对新古典红木家具比较系统的解读。本书在依托历史,理清脉络的基础上,重点解读了新古典红木家具"当代的、时尚的、流行的、科学的、先进的"特点,概括出新古典红木家具贵于"新",专于"木",成于"具",根植"传统",立足"现代"的新内涵。而且,结合材料、工艺、制式、品鉴,将专业与普及有机统一,为不同层次的读者提供一个对新古典红木家具认知、选择、审美的新读本。

再者,这是拓展红木家具产业发展的理性思考。用材标准是红木家具产业的物质基础,如果将红木家具用材仅仅局限于来自海外的优质硬木,如紫檀木、老红木、酸枝木、老花梨木、铁力木等,红木家具产业发展的萎缩将是必然的。《新古典红木家具》以与时俱进的开放思维提出了扩大红木家具用材范畴的观点,这既吻合生态保护的时代主题,符合红木家具从业者的需求,也将自然为红木家具产业的持续发展拓展出新的更大的发展空间。

文化是企业与产业良性发展的软实力和助推器,我衷心希望企业与高校合作而成的《新古典红木家具》取得普及、推广、宣传红木家具的作用,也希望更多有识之士加入到红木家具文化探索的行列。

传承 再造与赋新   胡景初

　　古典家具是中国传统文化的重要组成部分，是中国传统文化园地的一朵奇葩，中国古典家具源远流长，自成体系，具有强烈的民族风格与深厚的东方韵味。它与西方家具有着明显的区别。

　　新古典家具是中国传统古典家具的传承、再造与赋新，是传统的现代化。如果说传统古典是前现代的、过去的、古董的、保守的、经典的或民俗的，那么新古典就是当代的、时尚的、流行的、科学的、先进的。传统的现代化就是从社会、经济、文化的视野，以新的价值观、审美观和生活方式的为导向，从内容和形式两方面对传统进行传承再造与赋新，使之更具有效性与生命力。

　　传统的有效性与生命力是传统得以有效传承的动因。中国古典家具的有效性是在数千年的演变过程中积淀的功能性，是物质层面的，有效性，当然也包着文化的识别和表意性。有效性会因时空变化而改变，为适应新的环境和社会需要而不断改良、再造与赋新，从而实现新的效能，它既可以按传统的形态现出在当代生活空间或公共空间，如酒店大堂的一把椅子或食肆门廊中的一张翘头案，即可发挥装饰和表意的功能。也可以根据需要赋予其新的形态和新的功能，使其演绎成时尚生活的道具。

　　中国古典家具的生命力是纯精粹层面的，主要表现为民族或群体在多元文化社会中认同的根基，或者误是传统文化的血统或基因，是核心信仰与价值观。即蕴藏在实体内的中国文化的精气神，以及诸如"天人合一"、"大巧若拙"、"道在器中"、"材尽其用"等造物思想的认同。

近30年来中国古典（红木）家具产业在改革开放的大潮中获得空前的发展，从高仿到新古典都找到了各自的目标与价值。从广东的大涌到福建的仙游，再到浙江的东阳，古典家具产业集聚地规模日益扩大，功能不断完善。北京、上海、苏州等老生产基地均保持优势并充满生机。古典家具卖场规模宏大，环境优雅，传统文化氛围浓烈。古典家具著作频频出版，学术研究硕果累累。新古典、新古式、新东方、新海派、新明式……不同称谓的新产品不断推向市场。这一切都充分说明中国古典家具正在走向复兴，是家具业界的同仁对中国传统家具文化自信的表达与自觉的行为。也是中华民族伟大复兴的重要组成部分。

　　然而中国古典家具的复兴仍任重道远，新古式古典家具的开发更是步履维艰。首当其冲的是硬木资源短缺。今年召开的《濒危野生动植物种国际贸易公约》（CITES）第十六次缔约国大会中，又有多种硬木被列入濒危物种，这不只是一个讯号，随着全球硬木资源的进一步减少，还有更多的树种会成为濒危物种，还会有更多的国家和地区会成为缔约方成员，因此资源短缺会愈演愈烈。跳出"唯材质论"的窘境，突破《红木》标准的藩篱，是新古典家具业发展的必由之路。

　　《新古典红木家具》一书是校企合作的文化工程，也是企业主动参与中国传统文化复兴的自觉行为。本书从概念到内涵；从新材料到新工艺、新技术、新设备；从价值探讨到艺术造型；从理论研究到作品鉴赏等，对新古典家具进行了全面的探索。本书不仅具有较高的学术价值，更具普通的现实意义，必将在新古典家具的研发中发挥积极的指导作用。

新古典 红木家具

第一章
历史概况

一、中国传统家具发展历程

中国传统家具源远流长，是中国劳动人民在几千年的生活繁衍过程中所创造的文明成果，是中华文明史的重要组成部分。中国传统家具作为古人日常生活使用的生活器具，无论从生产制作、日常使用、世代传承都蕴含着非常丰富的精神内涵，会随着人类的产生、发展而不断前行，贯穿在政治、经济、文化和科学技术等多方面的领域。中国传统家具雏形于商周、丰满于两宋、辉煌于明清，形成了由简单到繁琐、由单一到多样的风格特征。中国传统家具（也称中国古典家具），从夏商周至明清时期，历经几千年，有一个完整的发展体系，其发展历程主要分为四个阶段。

1. 席地而坐时期家具风格

家具作为人类社会生活的重要组成部分，是人类改善室内居住条件的第一需要，伴随着人类住所的出现而产生的。从古人掘地穴居开始，就有了最原始的家具。当早期人类掌握了编制和制陶技术以后，使室内的生活条件有了明显的改善，各种编织的器具如席，已成为不可或缺的室内陈设。

席的出现，是人类家具由天然迈向人工的第一步。中国的历史约有五分之四时间处于席地而坐的时期，大多以席和床为起居中心，经历了夏、商、周、秦直至汉、魏都没有多大改变，所用家具都极为低矮，受庄子崇尚自然和屈原浪漫主义的影响，这个时期家具大多色彩绚丽，装饰精美，显得浪漫神奇、主要以漆木家具为主要代表，髹漆工艺高度发达。如1957年河南信阳长台关战国楚墓出土的雕刻彩绘漆木床，还有长沙马王堆汉墓出土的漆案、漆屏风等，都是这一时期漆木家具的优秀典范，如图1-1所示。漆木家具结合牢固，外形美观，是我

图1-1 湖南长沙马王堆1号汉墓出土的漆木家具

国早期古典家具的第一个发展高峰。另外还有青铜家具、玉家具、竹家具、陶质家具等，并形成了供席地起居完整结合形式的家具系列，可视为中国低矮型家具的代表时期。

2.过渡时期家具风格

需求推动创作，人们已经不满足于席地而坐的器具费方式，当人类历史跨进3世纪的魏晋南北朝时期，我国家具由低型向高型发展转变，也就是席地与垂足坐并存交替的历史时期（从魏晋南北朝到隋唐五代，约3～10世纪）。魏晋南北朝时期，各民族之间经济和文化的交流对家具的发展起了促进作用。高型家具的出现，使得中国席地而坐的起居方式开始变革。盛唐以后，因垂足而坐的方式由上层阶级开始逐渐遍及全国，家具也逐渐由原来的低矮型向高型化发展，这是我国家具发展史上的重要转折。此时家具造型上浑厚、丰满，与唐代人们的审美情趣协调一致；装饰图案由几何纹样转变为人物山水、花草、题诗，以及与佛教相关的题材。唐至五代时期由于生活方式的变化，使得人们的起居方式由席地而坐逐渐向垂足而坐变化，床榻、筵席等矮型家具的中心地位渐渐被椅、凳、墩等高型家具所取代，从而引发了中国家具史上的一次革命，同时五代家具是宋代家具简练、质朴新风的前奏，在诸多方面为宋代高坐家具的进一步成熟积累了经验，奠定了基础。图1-2为中国古代名画《韩熙载夜宴图》的局部，该名画描摹了五代时期南唐巨宦韩熙载家开宴行乐的场景。该画中的人物坐姿均为垂足高坐，强有力证明了高坐家具在五代就已经出现，画中家具呈现出素雅、简洁、瘦削的艺术特征，为宋代文人家具的形成奠定了基础。

图1-2 《韩熙载夜宴图》局部

3.垂足而坐时期家具风格

10~14世纪的宋、辽、金至元代时期，垂足而坐基本代替了席地而坐，成为这一阶段的主要生活方式。同时宋代统治阶级的支持，文人地位的提升，促成了宋代文人文化的形成，并引领了时代的发展，推动了造物设计的发展，使其成为承前启后、继往开来的时代，同时期设计文化对后世也产生了深远的影响。

中国历史进入宋代以后，唐代盛行的"佛道相伴，胡华并存"的国际性文化逐渐被消化吸收为偏于本土性的多种文化的表现，使宋代文化表现出生活化、世俗化、精致化、典雅化的倾向，家具作为工艺美术文化的一部分，在审美上深受宋代文化的影响，表现出沉静典雅、平淡含蓄、谨严质朴等特点。宋代大兴土木，建筑事业的发展在很多方面超越了前代，对宋代家具的进步和发展起到重要作用，家具在框架结构、收分与侧脚、束腰造型、椅子搭脑、栌斗形式与等级性、理性美、多样性等诸多方面产生影响。此时高型家具式样齐全、广泛用于民间，造型上普遍采用梁柱式的框架结构并趋于简化，装饰上以重点和局部突出为主。

图1-3为宋代传世名画《十八学士图》，画面细腻，写实逼真，充分展现了当时的社会风貌。画面上四学士正在品评画卷，神情风度皆不同，僮仆也各有姿态，同时也展示了不同形制的桌、椅、塌和屏风，从这些家具中，我们不难判断垂足而坐已经取代了席地而坐，成为主要生活方式。到了元代，由于民族生活起居的变化，其家具风格呈现出粗犷和大气的特点，结构上的罗锅枨和霸王枨的应用起到了加固和装饰的效果，镶嵌、雕漆、雕花也取得了一定的成就，为明式家具的风格奠定了物质和文化基础。

图1-3　宋代《十八学士图》中描摹的各类家具

4.鼎盛时期家具风格

经过宋元时期的发展，到了明代中期以后迎来了我国家具发展史上最辉煌的时期。明清家具是中国家具史上一颗璀璨的明珠，它是社会背景和人类文明的积淀，是劳动人民智慧的结晶。此时期艺术日臻完美，家具的各种类型和品种都已齐备，无论是在家具选材、造型设计、榫卯结构还是在工艺制作、装饰手法等各方面均已达到空前繁荣的局面。其中最具代表性的当属明清硬木家具，这类家具形成了高度艺术化的家具陈设形式，在世界家具发展史上具有举足轻重的地位。

明代家具造型简练、结构严谨、轮廓柔和、线条流畅、用料考究、功能合理、色彩素雅。其种类繁多，可分为椅凳、几案、橱柜箱、床、台架、屏座6大类，在椅凳类中最具代表性的为中国独有的圈椅，圈椅对20世纪世界家具设计产生了深远影响，充分体现了中国家具设计哲学与观念，其造型如图1-4所示。其选材极为讲究，多选用紫檀、黄花梨、酸枝、鸡翅等质地坚硬、纹理细密、色泽幽雅的木材。清代早期家具基本上继承了明代家具的风格，变化不大，到了康熙、雍正、乾隆时期，史称"康乾盛世"。家具生产为满足达官贵人的需要，刻意追求富丽豪华、繁缉雕琢、表现为造型端庄、体量宽大、装饰繁琐，为清式家具风格奠定了基础。清式家具的出色之处在于它不抱任何偏见，在尊重传统的基础上，没有作定式的模仿和陈旧的因袭，而是把传统中富有生命力的部分保留下来，同时吸收了一切适合自己的表现形式，开辟了家具的一些新品类，如图1-5所示，图中家具为一个极为罕见的乾隆御用活腿文具桌，由紫檀木制成，配有精美的铜构件，其结构和装饰颇具明风，是一件颇能体现承前启后精神的清式家具。

在椅凳类中最具代表性的为中国独有的圈椅，圈椅对20世纪世界家具设计产生了深远影响，充分体现了中国家具设计哲学与观念。➡

图1-4 明黄花梨圈椅（坐具的文明 马未都）

极为罕见的乾隆御用活腿桌，由紫檀木制成，配有精美的铜构件，其结构和装饰颇具明风，是一件颇能体现承前启后精神的清式家具。➡

图1-5 乾隆御用活腿桌（明清宫廷家具 胡德生）

二、明清家具概况

　　明清家具是中国古典家具巅峰之作，将我国古代家具推上了鼎盛时期。此时期家具不仅面貌丰富多彩、品类繁多，而且功能齐备，许多家具至今在我们的日常生活中都是不可或缺的品种。明清家具主要指明清两代共计500多年间生产的家具，明清家具通常按风格特征被分为：明式家具和清式家具。

1.促使明清家具获得杰出成就的主要原因

（1）经济发展的影响

　　明代和清代中期是中国封建社会发展的顶峰时期，出现了资本主义萌芽、商业城镇的崛起直接推动了家具制造业的繁荣昌盛。明代中期之后，一些大城市逐渐形成，商业兴旺，人口增加，而家具是人们生活的必需品，它必然和其他手工业一起有很大的发展。同时，随着海禁的开放，中国对外贸易活动日益频繁。如明初郑和就七次下西洋，不仅打开了中国与东南亚及非洲的海上贸易通道，还带来了制作家具所需的高档硬木用材。由于商品经济的发展，货币交易日益盛行，工匠可以用缴银代替服役的形式取得更多人身和工作自由，可以通过自己的劳动换取更大的劳动价值，从而提高了工匠们的劳动积极性和热情，促成了更多工艺精品的产生。同时明王朝也非常重视手工业，专门设立由工匠任职、管理手工业的职位的御用监，从而推动了手工业的发展。

（2）宫廷宅院大量扩建的影响

　　皇宫、宅院和园林的大规模建造，刺激了家具消费需求，推动了家具产业的发展以及家具制造技术的成熟。明代江南地区涌现了大量的私家园林，带动了室内陈设计的整体发展，据《苏州府志》记载，苏州府建于明代的园林就达271处，拙政园、留园、高义庄等均是明代的遗构。进入清代，尤其是从18世纪开始，清朝经济由恢复进入繁荣和发展的阶段，满汉权贵显要们大兴土木，大肆修建住宅、园林并配置相应的家具，清宫还专门设立了管理手工作坊的机构——"内务府造办处"，下设有木作、广木作等专门承担木工活计的工坊，现在故宫内保存的相当数量的家具，皆出自当时的造办处木作和广木作之手。

宫廷以外的达官贵人对自己府邸建设也非常重视，尤其是家具陈设，仅从一本1565年严嵩被抄家时的账本中，就可以窥见一斑。该账本中记载严嵩家有：桌椅、橱柜、杌凳、几架、脚凳等共有7444件，大理石及金漆等屏风389件，大理石、螺钿等各式床657件。同时各地商帮的兴起也带动了建筑和家具业的发展。兴起于明代，兴盛于明清的徽州府籍的商人集团（也被称为徽商），其建造物遍布整个皖南地区，至今还保留着上千幢气派豪华的徽派建筑；富可敌国的晋商在明清时期达到鼎盛，建造了规模宏大的宫式府地，比较著名的有乔家大院、常家庄园、李家大院、王家大院、渠家大院，曹家三多堂等建筑，促进了晋式家具的发展。

此时建筑技术的发展，也带动了家具形制与技术的发展。宋、明是中国木构建筑发展的成熟期，柱、梁枋、替木、橡等木作的榫卯结构体系已经非常完备，这些都深深影响了清明家具结构和制造技术的发展。与建筑相关书籍的不断完善也促进了家具制造工艺的精进和技术的传承，如早期的《鲁班营造正式》里边只有木结构建筑造法，并没有提及家具，但到了明万历年间，增编本的《鲁班经匠家镜》则增加了有关家具的条款五十二则，并附有图式，这也说明家具需求量的大增，促使学习家具制造技术的需求也不断增加。

（3）文人墨客积极参与的影响

明清家具深受文人墨客的影响，尤其是明式家具。至宋以后，苏州、杭州和徽州等地的进士累计数以千计，为全国各地之冠，为人文艺术的发展奠定了基础。明代文人雅士、退隐官吏为了追求山水之乐和怡情养性的生活方式，而修建了大量的园林、宅院，尤其以苏州私家园林为代表，这些私家园林同时也是文雅之士琴棋书画的文化社交场所，被赋予了更多的精神诉求，因此在建造园林、制作家具中，一般主人亲自参与筹划，也有精于此道的名士加入谋划指导，按照他们的审美观念引导和参与园林的家具设计，从而影响了明式家具的设计风格和文化精髓。据王世襄先生的研究，清式家具的创新也离不开学士名流的参与，他们参与设计、指挥工匠，造出了前所未有的式样，其代表人物主要有刘源、李渔、释大汕。刘源是一位有多种才能的艺术家，他能诗、公式化，又善于制木器、漆器等。李渔是一位戏曲家兼园林设计和室内装饰家，他所著的《笠翁偶集》中提出了关于家具的一些见解，在中国家具发展史中具有一定地位。释大汕擅长利用各种材料制作不同家具及饰品，并富有新意，对广式家具的发展起到一定作用。

2.明式家具及其特点

明式家具与明代家具不同，明式家具主要指明代中期至清代前期（包括康熙、雍正早期）制作的一类材美工良、造型优美、风格典雅的家具形式，主要产地在苏州、东山、松江一代，人们习惯上将明式家具称为苏式家具。明式家具具有深远的美学造诣，将中国传统文化思想与工艺美术品的设计制作相融合，其家具造型从中国各类传统艺术中获得灵感，实现了情感、审美和实用诸功能的满足，被后人称之为木质的诗篇。明式家具将材料、样式和制作工艺与中国传统建筑达到了高度统一，使家具与建筑风格、室内装饰达到完美的和谐。

明式家具选材精良，制作精湛。明式家具多用黄花梨、紫檀、红木、铁力等名贵硬木，它们大部分色泽沉穆雅静、纹理清晰生动、质地坚硬密实，也采用核桃木、榉木、榆木等普通硬木，其中以黄花梨为主材的家具最被世人喜爱，王世襄先生曾评价说：黄花梨木颜色不静不喧，恰到好处，纹理或隐或现，生动多变。明式家具制作工艺精细，采用卯榫结构，合理连接，使家具坚实牢固，经久不变。

明式家具造型简练，线条流畅。明式家具在造型上尽管式样纷呈，变化多端，但"简练"是其共同点，通体轮廓及装饰部件讲求方中有圆、圆中有方的变化，线条雄劲流利，线条的组合造型，能给人以静而美、简而稳、疏朗而空灵的艺术效果。明式家具从中国传统书法艺术中获得灵感，充分展现了家具的线条美感。

明式家具风格清新，素雅端庄。明式家具摒弃了一些繁缛装饰，以素雅为主，造型上简练、装饰上朴素、色泽上清新自然，而毫无矫揉造作之弊，展现出一种天然去雕饰、清水出芙蓉般的品位。在其局部饰以小面积的雕镂和镶嵌，多集中在牙板、背板、交足上，以繁衬简，朴素而不简单，精美而不繁缛。充分体现了文人士大夫所追求的"雅"的特征，也满足了达官贵人附录风雅的需求。图1-6为一件现代高仿明式圆角柜，柜子整体以素雅为主。

明式家具设计合理、造型优美、尺度适宜、比例匀称，通常有严谨的比例关系和舒适宜人的尺度，讲究设计的人性化，如很多椅子靠背的搭脑设计。

明式家具设计时非常讲究线脚的变化，图1-7中列出了多种明式家具常见的线脚，这些千变万化的线型增加了家具的律动美和舒展感。设计明代家具时还非常重视与室内空间及建筑等要素的配套性，从整体上进行设计，同时家具本身的整体配置也主次井然，和谐有致，既让人感到舒适、安逸，又起到装

柜体上方采用了万字纹的透
雕面板，柜体面板尽量体现
木材纹理的自然美感，腿足
间嵌有牙板，牙板上运用浮
雕手法，雕饰纹样与牙条的
形状相吻合，衬托出整件柜
子的精美。在柜门与框架、
拉手等处采用铜装饰件进行
连接，整件柜子雅致精美、
端庄大方，充分体现了明式
家具的设计精髓。➡

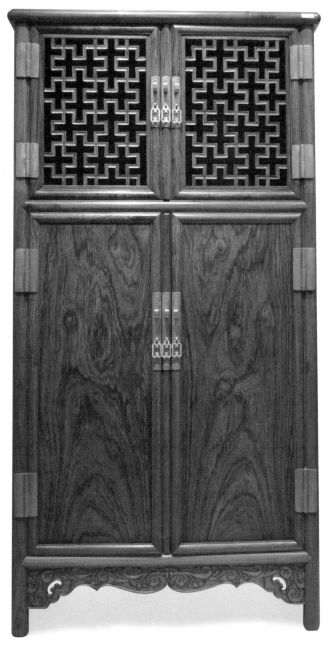

图1-6　高仿明式花梨圆角柜（伍氏兴隆明式家具艺术公司）

饰环境、填补空间的巧妙作用。

3.清式家具及其特点

　　清代家具在康熙朝以前还保留着明式风格特点，到乾隆

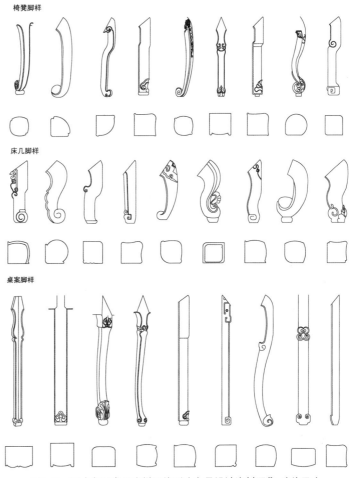

图1-7　明式家具常见脚样及线型（家具设计资料图集　康海飞）

时，已发生了极大的变化，形成了独特的风格，这种风格在家具史上通常被称为清式家具。关于清式家具，王世襄先生有过十分精当的品评：清式家具，尤其是宫廷家具，多施雕刻，吸收许多工艺美术的手法和作品作为家具的装饰手法和题材，五光十色、琳琅满目，金漆描绘、雕漆填漆、镶嵌螺钿、玉石象牙、珐琅瓷片、银丝竹簧、富丽大观，风格大变。作为中国传统家具最高代表的明清家具，其中皇家的家具体现了威严、权势、豪华的气势，再施以精雕细刻的装饰，以示其威严和高贵；民间的家具朴实无华、线条流畅，别有雅韵，不乏精品。这一时期的家具设计可以说是登峰造极。

清式家具与明式家具在造型艺术及风格上有所差异，主要表现为以下几点：首先清式家具在品类上有所创新，增加了宝座、太师椅、多宝格等家具，原有一些家具也增加了一些功能，如可以组装的桌子，集衣架、灯台、伞架等为一体的床等。其次，清式家具用材广泛，装饰手法多样，与明式家具喜欢用黄花梨不同，清式家具推崇色泽深、质地密、纹理细的珍贵硬木，尤以紫檀为首选，通常会在家具上嵌木、嵌竹、嵌瓷、嵌螺钿和百宝材料，清式家具制作也借助各种工艺美术手段进行综合装饰处理，充分运用雕、嵌、描等多种工艺手段（如图1-8中所示），给人以稳重、精致、豪华、艳丽等感觉。再次，清式家具制作工艺精良，用材厚重，喜欢用大块料木材，甚至会用到一根完整的木材，家具的总体尺寸较明式宽大，相应的局部尺寸也随之加大，整体上给人一种雍容华贵的感觉，有时也会产生一种笨重感。最后，由于西方文化艺术的传入，有些清式家具采用西洋装饰图案和装饰手法，是中西文化融合的产物，尤以广式家具最为明显，所以，清式家具仍不失为中国家具艺术中的优秀作品。

清代中国传统家具的风格呈现出多样化的状态，除了广州、江苏、北京三处带有明显的地方特点和风格外，浙江宁波、山西、江苏扬州等地域也具有独特的地域特色。

清式家具推崇色泽深、质地密、纹理细的珍贵硬木，尤以紫檀为首选，通常会在家具上嵌木、嵌竹、嵌瓷、嵌螺钿和百宝材料，清式家具制作也借助各种工艺美术手段进行综合装饰处理，充分运用雕、嵌、描等多种工艺手段，给人以稳重、精致、豪华、艳丽等感觉。↓

图1-8　运用多种工艺手段的清代扶手椅（明清宫廷家具 胡德生）

以广州地区为核心形成的家具风格通常被称为广作家具（广式家具）。因为广州特殊的地理位置，使其成为我国对外贸易和文化交流的一个重要门户，所以广式家具既继承了中国家具的优秀传统，又大量吸收了外来文化艺术和家具造型手法，创造了独具风貌的家具样式。广式家具因原料较为充足，所以常常喜欢用大块料，讲究材料的一致性，一件家具通常只用一种木料制成。广式家具通常注重木材纹理的真实再现，所以通常在打磨后直接揩漆，使木材纹理完全裸露，一目了然。广式家具常常以酸枝木、紫檀木为主材，装饰纹样喜欢采用西番莲纹，花纹衔接巧妙、繁复，技艺精湛。图1-9为一把三弯脚扶手椅，主要由紫檀木制作，采用了传统的榫卯结构，靠背板雕刻有西番莲纹图案，足部回旋成卷草状，具有明显的洛可可风格特征，是中西合璧的产物。

这把三弯脚扶手椅，主要由紫檀木制作，采用了传统的卯榫结构，靠背板雕刻有西番莲纹图案，足部回旋成卷草状，具有明显的洛可可风格特征，是中西合璧的产物。➡

图1-9　清代广式紫檀西番莲纹三弯脚扶手椅（坐具的文明 马未都）

这把清代苏式红木扶手椅，其靠背采用了三段式的落塘嵌板、开光等木工工艺手法，展现了苏式家具特色及与传统建筑中小木作工艺的关系。↓

图1-10　清代苏式红木扶手椅（明清家具鉴赏 濮安国）

苏作家具（苏式家具）是指以江苏省为中心的长江下游一代所产生的家具，其中以苏州最为突出。苏式家具是明式家具的主要代表，以造型简洁、线条优美、用料和结构合理等著称于世。清代的苏式家具继承了明代家具的主要特色，但因贵重木料较难购到，所以用料上非常考究，家具的每个部件所需要的尺寸、规格、大小、形状以及他们在形体中连接的关系，都成为表现家具形象的语言。图1-10为清代苏式红木扶手椅，其靠背采用了三段式的落塘嵌板、开光等木工工艺手法，展现了苏式家具特色及与传统建筑中小木作工艺的关系。苏式家具常使用包镶等细木工工艺加工方法制作，即用名贵的好木料做成薄板粘贴在家具表面，而内部骨架用杂木填充，做工精度要求高，也更费时间。其造型简约，做工精细，苏式家具制作过程中通常会涂饰油漆，一方面为了避免受潮，另一方面也有掩饰的作用。苏式家具的装饰花纹题材多取自于历史人物故事、花鸟、梅兰竹菊、山水等，缠枝纹非常普遍，因其结构延绵不断，具有生生不息的吉祥寓意。

京作家具（也成京式家具）一般以清宫造办处所制家具为代表。康乾盛世时期，清代的经济、商业、手工业繁荣昌盛，统治者及达官贵人们追求奢侈生活，对室内陈设的热爱日益增加，同时文人墨客及各方能工巧匠汇集于京师，共同促进独具特色的京式家具的形成与发展。京式家具风格大体介于广式和京式之间，用料较广式要小，较苏式要实。京式家具因和统治阶级的生活起居及皇室的特殊要求有关，在其风格、造型上给人一种沉重宽大、华丽豪华及庄重威严的感觉，如图1-11所示的宝座为清代宫廷家具的典范。京式家具的用材主要以紫檀为主，次为酸枝和花梨，自清代中期以来，重紫檀、酸枝而轻黄花梨，以致很多黄花梨家具都被染成深色。京式家具一般不涂漆，而是采取传统工艺的磨光和烫蜡的方法，常常用大理石、景泰蓝等装饰工艺，雕刻也是其常见装饰手法，雕刻纹样多取材于传统的青铜器物，主要纹样是夔龙、夔凤、拐子纹、螭纹、兽面纹、蝉纹等。

京式家具因和统治阶级的生活起居及皇室的特殊要求有关，在其风格、造型上给人一种沉重宽大、华丽豪华及庄重威严的感觉。➡

图1-11　清代京作紫檀百宝嵌宝座（明清宫廷家具 胡德生）

宁作家具（也成宁式、甬式家具）即浙江省宁波地区生产的传统家具。自清代以来，宁波地区的家具以彩漆和骨嵌工艺为特色。彩漆家具是将各种颜色漆在光素的漆地上描画花纹的做法，主要分为立体和平面彩漆两大类，也是现代传统家具制造中常用的装饰手法之一。清代最为著名的宁式家具是制作精良的骨嵌家具，主要使用细密且有韧性的牛筋骨，采用平嵌的形式。装饰题材多来自于民间传说、历史故事、生活风俗、名胜古迹、四时景色、花鸟静物等。骨嵌的木材底板多为坚硬细密的红木、花梨木等硬木，在其上嵌牛骨，更显古朴、自然之风。

清代的扬州家具为明式家具的一个重要分支，以漆木家具常见。清代的扬州商业繁盛、手工业发达，文人骚客和制器高手辈出，促进扬州家具特色的形成。扬州漆木家具制作工艺精巧、华丽，工艺品种有百宝嵌、骨石镶嵌、螺钿、雕漆、彩绘等，其中以百宝嵌闻名，如图1-12所示，为我国家具工艺中最具特色的品类之一，是将金银、宝石、珍珠、珊瑚、翡翠、玳瑁、螺钿、象牙、玛瑙等名贵材料汇集一身，工艺精湛，富丽豪华。扬州的螺钿家具为清代最负盛名的镶嵌家具之一，主要以软螺钿为主，软螺钿与硬螺钿相对而言，主要指取材于小海螺、贝壳的内表皮，其质既薄又脆，极难剥取，故无大块。主要将各色贝壳打磨成薄片或者细丝，用特制工具制成各类图案或形状，然后拼贴、镶嵌于漆底上，任经髹饰、推光而成。

扬州漆木家具制作工艺精巧、华丽，其中以百宝嵌闻名，为我国家具工艺中最具特色的品类之一，是将金银、宝石、珍珠、珊瑚、翡翠、玳瑁、螺钿、象牙、玛瑙等名贵材料汇集一身，工艺精湛，富丽豪华。⬇

图1-12　清代百宝嵌工艺柜（中国家具克雷格·克鲁纳斯）

晋作家具（也称为晋式家具），指从清乾隆之后到民国初期前的在山西境内发展起来的以就地取材（核桃木、榆木、松木、槐木、杨木等），由本地木匠进行制作的，供广大平民、官宦家庭等社会中下层使用的，充满地方特色和乡土气息为特征的家具流派，与传统的广作、京作、苏作三地家具相比，艺术风格和历史价值毫不逊色。晋作家具仿红木家又渗入地域文化特征，将山西丰富而悠久的宗教文化、建筑文化、戏剧文化、民间艺术及晋商文化和审美进行融合，其中晋商的兴盛和经济的繁荣起重要作用。因交通运输的不便使得昂贵的进口硬木难以进入山西地区，所以晋作家具常用本地产的榆木和核桃木等硬杂木制作，所以也被称为柴木家具，如图1-13所示。这类家具表面多需要用漆来保护，主要是生漆和彩漆，以黑色、红色和黑红色漆为主要流行色。山西境内按地理位置又细分为晋中、晋南和晋北，由于地域文化的差异，晋作家具形成了三个流派，以晋中家具最为代表性。

晋作家具常用本地产的榆木和核桃木等硬杂木制作。这类家具表面多需要用漆来保护，主要是生漆和彩漆，以黑色、红色和黑红色漆为主要流行色。➲

图1-13　晋作榆木宝座（晋作古典家具 路玉章）

三、近代与现代传统家具发展概况

近代与现代红木家具发展主要指近百年来传统家具的发展历程，随着我国社会的发展变化而变化，具有明显的阶段性，大体可以分成三个阶段：

1.20世纪初至改革开放

（1）学术研究

从20个世纪初到改革开放，中国经历翻天覆地的变化。据学者孟红雨的研究成果显示，这个阶段的传统家具研究基本以西方学者为主，他们对中国传统家具的研究不仅起步早而且成果丰富。例如，法国学者Odilon在1925年编辑出版了第一部关于传统家具的著作——《中国漆家具》；德国学者Gustav Ecky系统研究了中国家具，并于1944年出版《中国花梨家具图考》一书；而后又有许多西方学者热心于中国木制家具的收藏和研究，并有一系列著作出现，较突出的有《中国家用家具》、《中国家具》、《中国椅子》、《中国家具：明与清之硬木家具实例》。这些著作的研究大多是综合论述加单体分析的模式，由于西方学者没有受到我国传统观念的束缚，所以观察审视的角度很多。

20世纪初开始，一些西方学者与机构还陆续在美国夏威夷等地举办多次关于中国古家具的展览。西方的众多博物馆及收藏机构，例如英国伦敦维多利亚和阿尔伯特博物馆，美国纽约大都会博物馆、华盛顿国家博物馆、费城博物馆等都有丰富收藏。在中国，有些学者也开始关注传统家具，例如中国学者杨耀，他陆续在图书刊物中发表了很多篇学术水平很高的论文，其中包括《明式家具艺术》及《谈谈中国家具》等，文博专家朱家溍在《文物》等期刊也发表多篇文章，例如《漫谈椅凳及其陈设格式》等。这些文章对传统家具的特点、分类、结构等做了专业论述，同时提出倡导中国传统家具的理由。

（2）产业发展

上世纪初随着资本主义生产方式的兴起，中国传统家具也发生了不同程度的演变。起初，它是一种仍然保持传统的形式，仅在局部杂以中西混合雕饰的家具。后来，沿海的一些通商口岸相继出现了由外商投资开办的家具厂，有的从事经营中国传统家具，有的专门仿制欧洲古典或美国殖民式家具。中国的近代家具就是在这些外来因素的影响下出现了新的变革，无论从品种、形式、结构和工艺都发生了很大的变化。中国家具的传统制作方式依然在继续，现代工艺与传统方式并置；造型上以广式家具为主，采用中西合璧风格；结构上采用比较简单的榫结构。

中华人民共和国成立，社会经济结构的变化，专业工厂的兴起和扩大以及机械化程度的不断提高，促进了中国现代家具的发展。建国初期，一般家具的品种比较简单，外观朴实坚固，形体略显粗笨，但也有少量做工精致而具有传统特点的高档家具供宾馆之用。从50年代后期到70年代，在计划经济的体制下，尽管在新材料的使用、品种的变化等方面也有一定的进步，但总体上家具行业生产的发展受到制约，家具工业发展缓慢。前期以简洁实用、朴素大方，且具有民族传统和审美趣味的家具为主，后期在品种和风格上较为特色的以海派家具为代表。

2.改革开放至20世纪末

（1）学术研究

改革开放后，国人对传统家具的研究与收藏逐步展开，中国学者青睐有灵气、有韵味的家具，例如"明式家具"。王世襄对明式家具的制式标准、审美方向进行了深入论述，于

1985年在香港出版《明式家具研究》，从而在国内掀起来研究明式家具的热潮。这一时期，众多的中国学者参与到传统家具的研究中，由于具有深厚的民族文化修养，很多研究达到很高水平，例如《明清家具鉴赏与研究》、《中国古代的家具》、《中国古典家具》等；西方学者对中国传统家具的研究也更加深入，1990年在美国加利福尼亚州成立了中国古典家具协会，对中国家具进行了认真、系统性的研究，发行会刊16期——《中国古典家具协会季刊》，其观察角度、研究方法、资料积累、学术总结为国内家具研究提供诸多经验。此外，著作有《中国古典家具的光辉》、《样式的精华——明末清初中国家具》、《明尼阿波利斯市馆藏中国古典家具》等。值得一提的是，这个阶段中国香港嘉木堂举办了多次藏品展并出版多期图录，促进了明式家具在全世界的传播。1990年，我国众多学者成立了中国古典家具研究会，印刷多期会刊。上海博物馆、首都博物馆、苏州博物馆、观复古典家具博物馆、灵岩山房榉木家具博物馆及国外一些收藏机构陆续建立了自己的研究收藏体系。

（2）产业发展

改革开放后我国家具行业进入新的发展时期，尤其是进入90年代以来，我国家具行业加快了向市场经济转变的进程，各式各样的家具店、家具商场、家居广场、家具专卖店如雨后春笋般在全国遍地开花，家具工业呈现迅猛发展状态，业已成为世界家具制造大国。此时的家具市场呈现多元化的状态，现代简约家具、美国乡村家具、欧洲古典风格家具、日式实木家具风格的家具不断涌现出来。此时国传统红木家具也开始进行细分，一部分中国传统红木家具受到来自西方现代板式家具的冲击，从用材、产品结构、风格和生产工艺方面都发生了深刻而巨大的变化，转变成现代实木家具企业；一部分传统红木家具继续保留传统红木家具特色，形成以复古为主的家具企业；一部分传统红木家具，在保留传统家具风格、用材、形制特色的基础上，逐渐融入国内外各类家具设计思想和现代家居生活文明，形成新古典红木家具的雏形，并涌现出一些有代表性的产业集群区域，如广东的大涌与新会、深圳的观澜、福建的仙游、浙江的慈溪与东阳、江苏的常熟、北京、河北的大城等，目前发展规模比较大的区域有中山大涌、浙江东阳、福建仙游。

3.20个世纪末至当代

（1）学术研究

如果说上个世纪中国传统家具的研究中心在西方，上个世纪末开始逐渐转向中国，那么到本世纪初，中国古典家具的研究应该说已经转移到了国内，各方面研究成果丰硕，角度更加多元，其中既有很多关于鉴赏类的著作，例如《中国古代家具鉴赏》等，也有很多专题性的研究，例如《可乐居选藏山西传统家具》、《中国家具史图说》、《中国家具文化》、《南通传统柞榛家具》、《古木神韵·古木香珍藏明清家具》、《中国传统家具》、《明清苏式家具》、《明清制造》、《大漆家具研究》、《明清宫廷家具》、《坐具的文明》《中国宋代家具》、《美成在久》、《大漆家具》等。西方也有一些研究成果面世，如《传统机凳选集》、《卧石观云：中国古代石刻家具艺术》、《极简之风：中国古典家具集藏》、《洪氏藏中国古典家具百图》。2006年5月，国务院将"明式家具制作技艺"列入第一批国家级非物质文化遗产名录，这使传统家具艺术价值得到了肯定。2005年中国家具协会传统家具专业委员会在北京成立，标志中国传统家具的发展有了一个新的起点。中国艺术第一网——雅昌网也构建了一个专业的明清家具论坛，每天都有很多人在网络上交流探讨，每年都举行联谊研讨会。此外，各大高校和科研单位都纷纷开始对传统家具的各个方面进行系统的研究，仅仅中国知网收录的关于中国传统家具研究的相关优秀博士、硕士论文就有178篇，相信今后相关科学研究会更加系统和完善。

（2）产业发展

上个世纪末到当代是中国家具产业崛起的时代，受社会的现代化进程和西方科学技术、思想文化艺术的巨大影响使中国家具产业设计呈现崭新面貌。在经历过引进仿造和改造国外家具的基础上开始重视自主开发新产品，伴随着中国经济的高速增长、国家综合实力的增强，中国公众的民族自豪感和自信心也在逐渐上升，出现了对民族文化和民族精神的呼唤，于是中国传统家具产业又迎来新的发展机遇。现代学者和设计师们在吸收现代家具文化和生活方式的基础上，试图探索和演绎现代与传统的关系，创制出完美而时尚的具有中国传统风格的现代家具，以期弘扬中国传统家具文化，同时将中国传统家具文化推向世界。在此思潮影响下，人们试图创造一种既不受传统家具的用材限制，也不受传统形式的束缚，全新中式家具风格；人们试图用一种全新的定义来阐释自己对现代红木家具风格的理解，于是各种观点和理念纷纷被提出，如"新古典主义家具"、"新中式家具"、"新东方家具"等，笔者认为最有代表性的定义便是"新古典红木家具"，该定义可以科学而全面的概括现代红木家具的特色和内涵。

中山市大涌镇为国内最有代表性的新古典红木家具产业集群集散地，是国内最具规模的红木家具生产基地，被誉为"中国红木家具生产专业镇"、"中国红木雕刻艺术之乡"、"中国红木产业之都"（见图1-14）。

大涌的新古典红木家具由广式家具发展而来，传承了广式家具中西合壁、与时俱进的精髓，在传承传统文化的基础上，又大胆吸收现代家具设计理念。大涌红木家具以优雅厚重的造型、精致的工艺闻名于世，现在售卖的产品中，既有非常正宗的仿古家具，又有新古典红木家具；既有平民百姓也买得起的大众化产品，又有满足少部分人特殊需求的具有收藏价值的珍品。大涌红木雕刻艺术源远流长，据史料记载：大涌的红木雕刻工艺是从石雕工艺演变过来的。在明清时期，大涌就大兴土木建造各乡各村、各氏族的庙宇、宗祠，为红木家具雕刻工艺的发展留下了丰富的历史素材，同时在文化传承的过程中，也产生了一大批雕刻艺术的能工巧匠，对弘扬传统家具文化起到巨大作用。传统的大涌红木雕刻工艺在现代红木家具业得到了

图1-14　中国红木家具生产专业镇——大涌镇

传承和发展，有些公司设计制作的雕刻艺术家具，既弘扬了中华民族雕刻艺术的精髓，又在国内外各类评选中获得殊荣，名扬中外。

改革开放后，政府鼓励开办私人企业，同时港台家具企业在大陆不断开厂，促使广东地区家具产业飞速发展，在国内民工南下打工热潮的带动下，一批批浙江东阳、广西、湖南等地的优质木工、雕刻工、油漆工被不断引入广东地区，为家具产业工人数量做好储备。同时受频繁的出口东南亚等地区的红木家具贸易活动和国内人民生活水平和质量提高等因素的影响，红木家具的需求量不断地增加，从而促使大涌的红木家具厂商们不断扩大红木家具的生产规模，改良设计款式适应市场变化，进一步发展成为国内最大最完善的红木家具产业集群。·

目前大涌镇有500多家红木家具厂，以生产带有现代、时尚色彩的新古典红木家具为主，家具厂多以前店后厂的形式为主，成行成市，延绵几公里，从生产、销售到运输一条龙运作，形成了行业优势。每天车水马龙的商贸往来成为大涌一道独特的风景线。同时带动了镇内木材销售、木材加工、木工机械、油漆、运输、贝雕工艺、云石加工等企业的发展，每年生产各种类型家具及工艺品达300万套，从业人员超过了5万人。目前大涌红木家具产品在全国各地有几百个销售点，建立专业市场近50万平方米，2010年又启动了集产品展示、销售、研发、检测功能为一体的红木家具博览中心项目，对产业的可持续发展起到关键作用。2008年3月，由大涌镇牵头制定的国家轻工行业标准《深色名贵硬木家具》由国家发改委批准发布，该标准于同年9月1日实施，2010年，《深色名贵硬木家具》标准荣获中国标准创新贡献奖。2011年10月，由中华人民共和国国家质量监督检验检疫总局中国标准化管理委员会提出，由大涌镇牵头制定的《红木家具通用技术条件》国家标准正式发布。

2013年中国首座航母级红木产业综合体——中国（大涌）红木文化博览城正式启动。该博览城规划用地面积300亩，总建筑面积80万平方米，总投资48亿元，将集红木文化博物馆、产品展销、检测研发设计、红木主题酒店、红木卖场、商务CBD、旅游及观光于一体，成为具备转化产业综合发展导向功能的新型红木产业综合体项目。通过该博览城的建立，可以全面挖掘红木家具的内涵，普及中式生活观念，让更多的消费者通过这个文化平台，提升自身鉴赏水平、领悟中国传统文化，将中国红木家具文化发扬光大。

【参考文献】

[1]　陈乃明.中国传统家具的黄金时代——探究明清家具的杰出成就[J].杭州师范学院学报（医学版），2006（3）.

[2]　陈志荣.清代家具[M].上海：上海书店出版社，1999.

[3]　程艳萍.中国传统家具造物伦理研究[D].南京：南京林业大学，2011.

[4]　林婉如.精雕百年良材 细刻千载文化——中国红木雕刻艺术之乡大涌[A].中国民间文化艺术之乡建设与发展初探[C]，2010.

[5]　刘森林.中国家具经典艺术长廊(1)[J].家具与室内装饰，1998（4）.

[6]　孟红雨.中国传统家具研究百年历程[J].设计教育，2012（7）.

[7]　邵晓峰.中国宋代家具[M].南京：东南大学出版社，2010.

[8]　宋魁彦.家具设计制造学[M].哈尔滨：黑龙江人民出版社，2006.

[9]　王枪.晋作家具研究[D].太原：太原理工大学，2010.

[10]　王世襄.明式家具研究[M].北京：生活.读书.新知三联书店，2007.

[11]　杨代欣.中国家具收藏与鉴赏[M].成都:巴蜀书社，2000.

[12]　周蓓.二十世纪中国家具发展历程研究[D].长沙：中南林业科技大学，2004.

新古典 红木家具

第二章

新古典红木家具内涵

一、新古典红木家具释义

"新古典红木家具"属于现代中式家具的范畴，是一种建立在传统红木家具文化基础上，以深色名贵硬木材料为主材，运用现代先进加工工艺和手法，符合现代标准化和通用化生产要求，满足现代人生活方式和多层次需求，体现时代气息的家具设计风格。"新古典红木家具"概念的提出，既符合复兴民族文化和民族精神的思潮，也调动了民族主义资源，表达了家具同仁们对中国家具再次崛起的强烈愿望与理想。

"新古典红木家具"是把中国传统家具文化与现代生活方式融合起来的一种全新的家具风格，其主要特点是从现代人的需求出发，使用传统的装饰手法、结构特征、纹样图案等来打造具有中国韵味的符合现代人生活方式的家具。它不仅仅是一种口号或名词，而应是一种文化运动，是以顺应时代发展与人们需求、结合传统文化形成的一种文化思潮，并在该思潮的影响下形成的特有家具风格，同时将该风格进行有效传播的一种运动。它不是纯粹的元素堆砌或符号的重构，而是通过对传统文化的认识，将现代元素和传统元素结合，让传统艺术在当今社会得到合适体现，使现代人能感受到传统文化艺术的内涵与力量。

"新古典红木家具"风格的形成需要三个关键点：第一、红木家具文化传统是形成这种风格的DNA，是其广泛传播的大前提，正如18世纪下半叶在西方兴起的"新古典主义"风格以古希腊、古罗马文化为基础一样；第二、该风格特征的确立是一个动态且持续的过程，需要时间的历练与现代人的不断揣摩及后人的总结归纳；第三、该风格的有效传播需要各层人事的不断参与和推进，需要设计人才的不断培养和优秀作品的不断推出。笔者认为对传统文化的正确认知是"新古典红木"风格形成的首要前提。"新古典红木家具"风格应具有深厚的传统文化底蕴，但这一底蕴不应该局限于中国传统文化或者家具文化，范畴可以更宽泛，可以是东方国家的传统家文化，如除中国文化之外的日本、韩国、东南亚文化，东方各国的传统文化精华兼收并蓄，才可以使该风格在更大的区域内传播并影响更多的人，诚如当年畅销海内外的中西合璧的广式家具。

综合上述所述，新古典红木家具的内涵应包括以下几个方面：

（1）新古典红木家具贵于"新"，应具有八新：即新工艺、新材料、新设备、新技术、新设计、新功能、新式样、新体系。

（2）新古典红木家具专于"木"，此木为深色名贵硬木，突破传统"红木"标准的局限性。

（3）新古典红木家具成于"具"，应为一种具有物质和精神功能的器具，具有深厚的文化底蕴和鲜明的时代特色。

（4）新古典红木家具根植"传统"，是对中国乃至东方传统文化现代解读与再设计，是对传统文化精髓的传承与创新。

（5）新古典红木家具立足"现代"，满足现代人的居住环境、日常生活、工作方式、自我认知、审美情趣等各方面的需求，体现时代精神与物质文化水平。

二、新古典红木家具特点总述

1.品类繁多、造型丰富

杨耀先生按功能对传统家具进行了分类，分别是：机椅类、几案类、橱柜类、床榻类、台架类、屏座类以及其他辅助用品等。新古典红木家具在品类和造型上都有所突破，其所包含的家具种类和造型大致要适应现代生活方式与室内空间形制的变化。

现代家具在传统家具的舒适性方面做出变化，选用海绵、布艺、皮草等软包材料来进行配套设计，增加了类似现代沙发的客厅家具。➔

图2-1　新古典红木沙发组合（东成家具致和系列）

（1）根据人性化设计原理，在传统家具的舒适性方面做出变化，选用海绵、布艺、皮草等软包材料来进行配套设计，增加了类似现代沙发的客厅家具，如图2-1所示；同时在满足舒适性的基础上，适当增加家具的辅助功能，出现了具有按摩功能的保健类家具。

（2）电器和现代办公空间的出现使传统家具产生了新的形式。电视柜随着电视机的出现而出现，并随电视机产品发展而不断改变；厨房电器的不断增加和丰富，使整体厨房家具形式出现；电脑及现代办公设备的出现，不断改变传统书桌和书案的面貌；现代办公模式与传统办公模式的不同，致使大量办公家具出现，红木办公家具也变得更丰富多彩，图2-2东成家具公司推出的迎福书房系列家具，就是为了适应这种变化。

（3）日常生活物资的丰富和需求的多样，直接改变了传统家具的造型或结构设计。如服装品类的丰富直接导致储藏空间的变化，出现了收纳功能极强的现代柜类红木家具，甚至于是任意组合的步入式衣帽间；茶叶文化与文明的全面复苏，直接导致了专业茶类红木家具的出现，如图2-3所示，甚至出现了一些专业生产红木茶类家具的公司，如大涌镇水雨轩家具有限公司等。

（4）住宅环境的变化也一定程度上引起传统家具形态的变化。如现代人的住宅多以商品房为主，与传统的住宅空间形制和体量相比，发生很大改变。同时房好啊价的不断高涨，也不

电脑及现代办公设备的出现，不断改变传统书桌和书案的面貌；现代办公模式与传统办公模式的不同，致使大量办公家具出现，红木办公家具也变得更丰富多彩。

图2-2　新古典红木办公家具（东成家具迎福系列）

图2-3 新古典红木将军茶台及茶凳（东成家具）

断压缩了人们的居住面积，因此传统大体量中式家具的尺寸和体积需要随着现代住宅空间的改变而改变，同时要考虑进户电梯空间尺寸、走道空间尺寸等。如住宅卫生间数目和面积的增加，使传统卧室中梳妆台移入卫生间中，或改变形式独立存在，或与盥洗池结合为一体，从而形式多样的卫浴家具应运而生。

（5）受多元化文化的影响，新古典红木家具呈现出多样化、多层次化和多中心化的倾向，可以代表不同受众利益层次、知识层次、审美层次，可以满足官方诉求、精英消费、大众需要、民间特色等各方不同利益群体，因此新古典红木家具的品类和形式异彩纷呈，或传统或现代，或繁复或简约，或高雅或俚俗。

2.用材广泛、装饰多样

中国的传统家具主要采用坚硬致密、色泽幽雅、肌理华美的珍贵木材为主。但由于目前珍贵材料的短缺、同时也顺应当代环境保护的发展需要，制作新古典红木家具在材料的使用上与传统红木家具有很大的区别，主要以新古典红木家具材料的主体。但由于人们对传统红木材料的盲目追崇及对深色名贵木材的认识不足，致使许多人对新古典红木家具的用材有较深的误解，以为"新"的东西就是单纯的仿造或以次充好，其实生长在热带、亚热带地区的深色名贵硬木与传统红木性能很相似，如生长于缅甸的大果紫檀（俗称缅甸花梨）与生长在海南的降香黄檀（俗称海南黄花梨）气干密度非常接近（气干密度分别是：$0.80\sim0.86g/cm^3$和$0.82\sim0.94g/cm^3$），颜色也很近似，具体材性特征可以参阅本书第三章相关内容。

新古典红木家具在用材上，一般会从设计、购材、选材、用材、尺寸、工艺、结构、外观、强度、稳定性等方面进行系统的考虑，提高材料高效与复合利用的能力。在红木材料的创新运用上，常利用不同木材材种之间的结合，混搭配色，在图2-4中，设计师将紫檀木与金丝楠木混搭在一起，两种材料在色彩上形成鲜明对比，紫檀更加沉穆寂静，而金丝楠木更加明媚娇贵，两者相得益彰；或者将玻璃、石材、金属、塑料等传统材料及新型环保材料进行混搭，材料的多元化运用，既可降低成本，又让消费者有耳目一新的感觉。此外，同款造型通过材料的巧妙变幻，往往会出现其乐无穷的韵味。新古典家具非常注重材料本身的肌理感觉，常常采用木材纹理的感觉直接塑造家具本身的美感，而减少不必要的装饰和构造。在新型木材的运用上，新古典家具常常采用"新木新做"的思路，促使家具在结构和工艺方面不断创新，装饰的手法也更富有选择性。

新古典主义的装饰本身就是形象的视觉艺术，装饰承载着家具的人文特性。在承袭传统红木家具所使用的富有吉祥寓意的中国传统纹样的基础上，如动物、植物、人物、山水纹样等，在设计上还勇于用于删繁就简，传承它们的精髓，将传统元素进行提取、重组、简化与再加工。

紫檀木与金丝楠木混搭在一起，两种材料在色彩上形成鲜明对比，紫檀更加沉穆寂静，而金丝楠木更加明媚娇贵，两者相得益彰。

图2-4　小叶紫檀与金丝楠木混搭条几（东成家具）

3.继承传统、追求创新

目前的新古典红木家具，以明清两代优秀家具款型为基础，将现代设计元素和人文情趣融入其中，使家具既有东方风韵的精髓，又有现代时尚的要素。目前，一批红木家具企业，结合现代科技、人文元素，创新设计、打造出具有现代气息的系列红木家具，演绎了新一代古今结合的设计经典。

新古典红木家具常常在生产工艺、结构设计、雕刻手法、设计工具等方面有所创新。木材干燥是红木家具材料处理必须的一道工序，新古典红木家具常利用现代配套的木材烘干设备，保证木材达到合理的含水率，使制作的家具得到质量保证。雕刻技艺是传统红木家具最为精彩的设计之一，新古典红木家具常常将传统手工工艺与现代工艺相结合，如将机器雕刻技法与工匠的手工技艺相结合，在图2-5中，雕刻工匠正在对激光雕刻机雕过的部件进行精雕细琢。在设计研发上，现代红木家具企业紧跟时代发展，合理利用网络技术，运用CAD、

图2-5　工匠正在雕琢用雕刻机雕过的零件（东成家具）

3DMAX、PINT等现有电脑软件及数控设备开发新产品，提高产品开发的效率和美感，图2-6是东成家具设计研发新产品时，利用三维辅助软件绘制的效果图，该效果图可以清晰明了地展现出未来产品的样貌，可以对设计方案随时进行修改和调整，增加了产品研发过程的可视性，既减少浪费，又可以保证产品设计效果。新古典红木家具保留了传统的卯榫结构和五金配件等特色，但在结构设计和力学设计上都融入了现代力学理念与方法，使结构更合理，受力更均匀，强度更高。

4.迎合空间、系统设计

东方新古典主义是现代人们耳熟能详的词语，是今天中国设计界的一个潮流趋势，无论在建筑界、室内设计界，还是家具设计等领域。打造东方新古典主义空间不是单纯地对传统的复制，是试图通过塑造空间中东方古典文化中大气、古雅、温馨、宁静、清新、精致、细腻、方正、庄重、简约、平实、狂放、含蓄、深沉、内敛、知性、传神、玄奥、隐喻等优良特征和独到的审美情趣。对东方古典主义空间而言，最不可或缺的

图2-6　利用电脑软件绘制的家具效果图（杰盟家具设计）

便是家具，尤其是以名贵硬木为主材的新古典主义家具，静穆沉古的紫檀木、纹理华美的花梨木、红黑相间的酸枝木、辉煌明媚的金丝楠木都是最能体现古典主义的材质，同时通过家具所传达出来的古典文化韵味与诗意，又迎合了新古典主义空间所追求的气质。家具最终要摆放在空间中，所以新古典红木家具设计不是单一的产品研发，而是系统设计，这个系统包括家具所存在的空间中所有需要呼应的要素，也就是说需要从空间风格和使用的角度来考虑家具设计。在图2-7中，家具与灯具、地毯、花瓶等装饰品共同围合成一个具有东方禅意味道的虚拟空间，此时家具与其他陈设品已融成一体，不可割裂。新古典主义家具的系统性还体现在，每件家具都是按套系整体开发的，每个家具的零部件或细节都有一些可以呼应的元素，在图8中，不同沙发与茶几在腿足、装饰纹样、木材色泽与纹理上都有一些呼应。

三、新古典红木家具文化价值

品质精良的新古典红木家具既有实用价值，又有审美价值，融科学与美学、技术与艺术、物质生产与艺术创造于一

图2-7　新古典主义红木家具与软装配饰融为一体（苏梨家具有限公司）

体，具有文化价值和社会意思。

1.实用价值

新古典红木家具与其他类家具相同，都是一种器具，首先因满足人的物质生活需求而产生。从一般意义而言，所有家具都必须具有直接的功能作用，满足人们某一方面的特定用途，如：用于睡眠的床、盛放衣物的柜子、摆放艺术品的架子等，新古典红木家具也不例外。

新古典红木家具的实用价值建立在现代文明的基础上，与现代人的生活方式息息相关，在具体功能和形式上与传统的红木家具有较大区别，具有真实的使用价值。如宝座在古代是皇帝专属的家具，代表至高无上的权利与地位，而新古典红木家具从尺寸上对传统宝座进行修正，将宝座演变成现代大型组合沙发，从而满足现代客厅布局和使用的要求。新古典红木扶手椅中的休闲椅迎合了现代人休闲生活的需求，摒弃了传统坐具正襟危坐的特点，令使用者呈现出更加放松的状态，椅子造型简约，少装饰，形体相对较小，常常配有特色软垫，更符合现代人体工程学的设计需求，如图2-8所示。

此类椅摒弃了传统坐具正襟危坐的特点，令使用者呈现出更加放松的状态，椅子造型简约，少装饰，形体相对较小，常常配有特色软垫。

图2-8　新古典红木休闲椅（东成家具 致和系列）

2.审美价值

　　新古典红木家具是物质与精神文化、技术与艺术文化的综合产物，它不仅能满足人们某种特定的生活需求，还追求家具的视觉表现和形式创造及在此基础上所传达的某种审美快感和精神需求。现代社会，人们对于红木家具的追求不再仅仅满足于实用，更多地注重其艺术的特性，追求按照美的规律去塑造，把自己的精神渗透到家具之中，这是家具实用价值与审美价值的真正碰撞。新古典红木家具产品的审美价值主要包含功能美、结构美、材料美及形态美等几方面。

　　与传统红木家具相比，新古典红木家具的功能美主要体现在功能的实用和完善上，在满足人们的基本用途的基础上，通常还需要考虑舒适性、方便性、安全性、功能多样性等要素。功能美与家具的形态、材料、结构、工艺等相辅相成，家具功能不同，形态结构也不同，功能相同可通过不同材料、结构、工艺表现为不同的形态，形成不同的美感效果。新古典红木家具在结构上秉承了中国传统家具的榫卯结构，该结构是人类智慧的结晶，在中国家具发展史上占有极为重要的地位与作用。榫卯结构设计合理、科学，不但使家具坚固耐用，而且对表现家具造型美、功能美有着重要的意义。榫的种类繁多，形式各异，在实际运用中可根据需要加以综合利用，使结构紧固而美观实用。为确保接合的严密性、坚固性和美观性，现代红木企业对榫接合时的各项指标都会做出相关的技术要求。家具的材料美主要来自于材料的肌理美，包括触觉肌理和视觉肌理。新古典红木家具以花梨、紫檀、鸡翅、酸枝等深色名贵硬木为主材，这些木材质地坚硬、色泽纯净、花纹清晰，在加工上大多采用打磨、擦蜡等工艺，使木材的质地、色泽、纹理更加清晰透明、光润细腻，呈现出润泽细腻、古朴典雅之气质，深受文新古典红木家具能传递出以"儒释道"思想为核心的东方审美特征与文化内涵，充分传承了明式家具典雅精美、含蓄内敛的审美情趣。

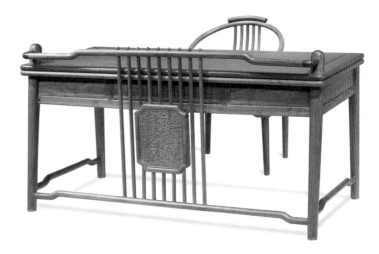

图2-9　新古典红木书桌椅（东成家具 香茗系列）

人墨客和广大收藏爱好者的喜爱。家具的形态指家具的"形象和神态"，即不光是家具的形状、形象等可视的外在表象，还包含气韵、神态、情状等可以"意会"的内在意义。新古典红木家具的形态能最直接地传递美的信息，激发人们愉快的情感，使人们在使用过程中得到美的享受，同时也能传递出以"儒释道"思想为核心的东方审美特征与文化内涵，如图2-9所示的书桌椅，充分传承了明式家具典雅精美、含蓄内敛的审美情趣。

3.艺术价值

红木家具是本土文化中成长起来的一种特殊的日用品，品质优良的红木家具还具有一定的艺术价值和文化内涵。随着现代居住空间和生活方式的变化，现代人对红木家具的消费观念也有很大改变，由"唯材是论"转变为"材艺双美"，注重材质的同时也追求美的享受和精神的寄托，适用于消费者这一消

新古典红木家具一种
是直率的表现，类似
于清式家具，将一切
美轮美奂的设计手法
都直白地表达出来。➔

图2-10　传承清式家具艺术特色的缅甸花梨全大福沙发椅（东成家具）

费行为和购买心理的新古典红木家具应运而生，如何将"文化艺术元素"融入到红木家具产品中是新古典红木家具设计的重点。品质优良的新古典红木家具可以彰显民族传统文化不朽的艺术魅力，其艺术价值主要通过两种形式表现出来。一种是直率的表现，类似于清式家具，将一切美轮美奂的设计手法都直白地表达出来。如图2-10、图2-11；另一种是含蓄、隐晦的方法，使其引而不发，显而不露，类似于明式家具的设计手法，两种方法做到极致都可以取得理想效果，如图2-12所示。

新古典红木家具百变的结构，含蓄的形态塑造，精美的雕花工艺等，都凝聚着东方传动文化艺术的精髓。具体说来，新古典红木家具的艺术价值可以体现在多处；首先，在选材和用材上，新古典红木家具追求工巧材美的境界。多采用深色名贵

图2-11 大红酸枝檀雕宝座沙发（东成家具）

新古典红木家具另一种
是含蓄、隐晦的方法，
使其引而不发，显而不
露，类似于明式家具的
设计手法。➔

图2-12 传承明式圈椅艺术特色的缅甸花梨书椅（东成家具 香茗系列）

硬木的心材为基材，该类木材从纹理、色泽到质地都是其他木质不可比拟的。在工艺上精雕细琢，不断创新，将传统手工工艺与现代工艺相结合，从表面到内在都做到精益求精。其次，在造型结构上，新古典红木家具造型十分考究，从大的形态到小的线条均能体现出设计师的巧妙构思与设计美感，将虚与实、动与静、简与繁这些矛盾统一起来，并能跟周围的环境及陈设相呼应，和谐统一，从而实现艺术化升华。其三，在装饰纹样上，新古典红木家具装饰手法和形式多样，主要分为结构性装饰和装饰性装饰。结构性装饰主要体现在家具的端部、脚足、牙子、牙条、牙板、券口等结构件上；装饰性装饰常见的手法有雕刻、镶嵌、彩绘，这些都是工艺美术中最常见的艺术化处理手法。新古典红木家具的装饰纹样主要有动物类、植物类、人物类、器物类、几何纹样类等。文化艺术性是一件新古典红木家具提高其附加值和不断被传承的核心所在，是将材料、工艺、技术、形态等价值融为一体后所呈现出的更高境界。

4.收藏价值

近年来，中国传统红木家具成为收藏的新潮流，尤其是以黄花梨、紫檀为基材的明清家具。虽然与明清古典家具的收藏价值差异颇大，但从投资角度看，新古典红木家具应是颇具潜力的投资项目，有较好的收藏前景和空间，主要是指材优、工良、形美的新古典红木家具。新古典红木家具的收藏价值主要体现在材料、工艺、设计、历史及文化等几个方面。

制作新古典红木家具的材料普遍具有稀缺性的特点，尤其是降香黄檀、紫檀、交趾黄檀等树种。自2008年以来，红木等名贵硬木材料行情一直看涨，涨幅高达数倍，根源在于原材料呈现逐年递减趋势。特别是2013年6月《濒危野生动植物种国际贸易公约》附录二新增添内容正式生效后，多种名贵木材进口开始受到限制，导致红木家具价格将持续走高。物以稀为贵，由名贵木材制作而成的新古典红木家具本身就具有稀世价值，这使得其价值必然会放量增值，成为收藏热点。

品质优良的新古典红木家具讲究功能的实用性、造型的艺术性、结构的科学性，装饰的合理性等，这些都构成收藏的基础。新古典红木家具对造型格外讲究，除了对明清经典家具造型艺术的传承外，更多受过高等教育甚至学贯中西的设计师们都纷纷投入到新古典红木家具的设计研发中来，使其在设计创新方面有较大突破，更具艺术价值和时尚性，未来升值空间巨大。尤其是经过名师之手的新古典红木家具，必将成为具有文化艺术性的藏品，而非单纯的家具。新古典红木家具具有精湛的传统工艺和优良的结构特征，它传承了中国传统家具最典型的连接方式——榫卯结构，不用一颗钉子，却能使两部分木头巧妙组合，即使经过岁月的磨损，仍然牢固如初，完美地体现了中式家具科学和艺术结合的工艺精髓；它传承了传统家具制作的工艺手法，保留了雕刻、镶嵌、打蜡等设计技法，尝试用更科学的现代工艺技术手段对传统工艺技术进行改良，如干燥、开榫、开料技术等，从而规避了传统家具制作上的一些缺陷，提高了家具质量和耐久性，增加了收藏价值。

中国传统家具是中国文化的重要组成部分，它同中国文学、书法、绘画、工艺美术甚至哲学一样，承载着悠久的历史、民族情感和东方思想。新古典红木家具同传统家具一样，也饱含了丰富的历史及文化内涵，既包括对传统文化的继承与发展，又包括对现代文化生活的新阐释。从新古典红木家具的形式来看，主要有高仿、改良和创新几种，高仿是对明清传统家具中的经典作品进行复制，是对传统文化和生活形态的复制，而改良和设计创新是对现代生活文化的重新思考，无论哪种形式，都被深深地刻上时代特有的烙印，对研究该时代的历史文化和社会发展风俗等具有巨大价值。相信随着时间的流逝，品相好、做工精、材料优、年份久、文化性强的新古典红木家具一定会被列为收藏品行列。

新古典红木家具不仅是一种实用家具、人文家具，也是一种艺术家具，只有精益求精才能做出精品，而这些精品当然具有收藏价值。作为新古典红木家具的发起者，东成家具公司倾力打造的"豪华大象"系列家具，正是对新古典红木家具的经典诠释。如图2-13所示，东成家具"吉象"系列的大象宝座，以清代宝座和太师椅为原型，将众多生动形象的、富有吉祥寓意的纹饰图案引入其中，既保留了传统宫廷家具的恢弘气势，又带有一定的民俗色彩。此宝座酸枝木制，座面下有束腰，束

此椅以清代宝座和太师椅为原型，将众多生动形象的、富有吉祥寓意的纹饰图案引入其中，既保留了传统宫廷家具的恢弘气势，又带有一定的民俗色彩。➡

图2-13　红酸枝大象宝座沙发椅（东成家具）

腰上饰有连续回纹，彭牙拱肩三弯腿，外翻马蹄，扶手和靠背采用拐子纹构件，宝座局部装饰有吉象、蝙蝠、喜鹊登梅、松树和仙鹤等图案，展现了喜庆吉祥、福寿延绵之意。在功能上，该宝座注重实用与舒适，如坐具的尺度按照现代沙发规范设计，可以随时增添沙发软垫，满足使用者对舒适和健康的需求。在装饰手法上，该宝座强调繁简相宜，以浮雕装饰为主，将功能件与装饰件相结合，充分体现了新古典的设计理念。在工艺上，充分利用现代工艺设备和雕刻技术，精磨细造，为世人呈现一个值得收藏的经典作品。

【参考文献】

[1] 陆俊."新中式"为红木家具注入时代精髓[N].消费日报，2011.7.6:(B4).

[2] 王璐.收藏"可以触摸的历史"——浅谈中式古典红木家具投资[J].投资北京，2013 (6).

[3] 王雅莲.新东方主义家居设计的禅宗情缘[J].美术界，2011.

[4] 叶聪.基于现代生活方式与室内形制的中式家具研究[D].南京：南京林业大学，2011.

[5] 钟畅.新中式家具的研究[D].长沙：中南林业科技大学，2007.

[6] 周翠微.家具审美评价体系的研究[D].长沙：中南林业科技大学，2002.

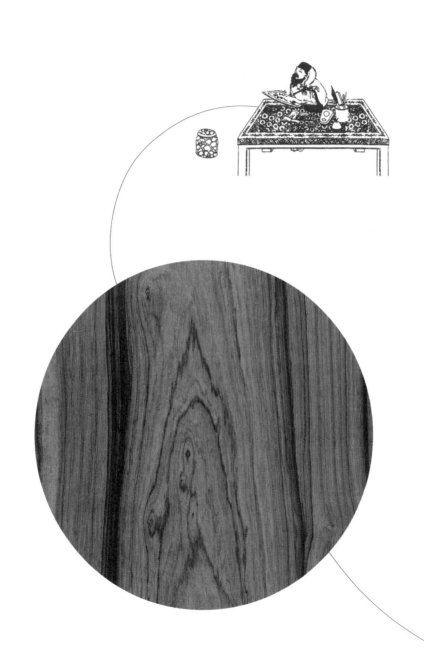

新古典

红木家具

第三章

新古典红木家具用材

中国的红木家具起源于明朝，它利用名贵天然实木制成，视觉，触觉优良，是绿色环保产品。精美的红木家具不仅能满足人们生活与工作的需要，也是一种艺术品，具鉴赏和收藏的价值。经过半个多世纪的发展与流传，红木家具传承和代表的已不仅仅是一类家具产品，而是一种传统的中国文化。

中国红木家具之美，历来为世人称道。传统的古典家具古色古香，或淡雅淳朴，或高贵沉着，或富丽华贵，或低调含蓄。在传统的红木家具中，材料与古典家具风格的融合，更加使中国传统的红木家具具有了与众不同的内涵。随着时代的发展，"古典"内容也在不断增加，现在市场上存在着很多古典家具，但有些家具风格却在设计师的笔下赋予了新时代的内容，这样的古典家具就不能仅仅称其为古典家具了，行业称之为新古典家具。此外，随着人们收入的增加、居住条件的改善以及传统文化的回流，更多的"新红木家具"开始进入寻常百姓家。它们使用的虽然不是传统意义上的红木，但却拥有传统红木家具的诸多特质，例如其颜色、造型、收藏价值等。因此，这类走进寻常百姓家的新古典红木家具，带给人们的除了材料和造型上的享受，更多的是对古典文化的继承与发扬。

新古典红木家具在材料的使用上与传统红木家具有很大的区别，因此许多人误以为"新"的东西就是单纯的仿造，在材料的性能与价值上与传统的相差甚远。其实，这种认识是不正确的，因为不同历史时期对于木材的认识、理解与使用是有明显区别的。中国传统的红木家具的繁荣发展是在一个特殊时期的产物，因为当时的历史条件、生产技术、物流条件等方面的限制，使红木家具的材料各类仅限于少量的几种。例如明朝多流行黄花梨家具，而紫檀家具以18世纪乾隆时期为甚。但红木生长缓慢，生长周期长由于明清以来的大量采伐，已经成材的海南黄花梨几乎被采伐一空，印度紫檀也非常稀缺。而分布在热带、亚热带地区的有着与传统红木性能相似的深色名贵硬木，随着物流业的发展以及世界贸易的一体化加大，也大量的流入到国内市场，构成了新古典红木家具材料的主体。

本章将通过介绍新古典红木家具在材料上的特性，让更多的消费者了解目前红市场上木家具的性能与价值，从而真正地了解红木家具。其中包括每种木材的名称、产地、特征、价值、应用现现状等。

一、红木家具用材的历史演变

传统红木家具，即主要指明清红木家具。红木从一开始就不是单指某一种树种，在江南一带除了最常见的榉木之外，把来自海外的优质硬木都统称为"红木"，如有老红木、酸枝木、香红木、老花梨木、铁力木等。对传统红木的认识，可以从广义、狭义两个角度理解。广义上的红木是当前国内明清家具收藏、鉴定以及商贸活动中约定俗成的统称。而狭义的红木专指酸枝木。因为历史上曾经大量地使用过酸枝木，它们主要来自泰国、柬埔寨、越南、老挝、缅甸及东南亚、南亚。传统的红木来源地所产的豆科黄檀属的黑酸枝、红酸枝，但不包括目前从非洲或南美进口的酸枝木。2000年，政府有关部门制订了《红木》国家标准，试图以此来规范红木家具市场，但却发现其并没有起到人们想象的作用，反而更加制约了红木家具市场的发展，因而也受到了业内人士的质疑。近些年来，很多业内人士和市场不是充分地体现每种材料独特的材质美，而只是一味地强调木材树种的产地；强调新旧材料在价值上的对比，而对于不同材质、色泽、纹理等与红木家具展现的文化性和艺术性却不以为然，这种认识十分严重地阻碍了红木家具的发展，也违背了事物的向前发展的规律。因此，我们在对新古典红木家具在材料的界定上必须科学，并且尊重市场的发展现状。

二、新古典红木家具用材的趋势

红木虽然属于可再生资源，但这类木材普遍生长极为缓慢，大多几十年甚至几百年才能成材。在整个红家具的发展过程中，红木家具虽然留下了辉煌的历史与大量的艺术珍品，但巨大的使用量也使一些木材濒临灭绝，如海南黄花梨，小叶紫檀等。从资源的角度看，近些年，红木原材料价格大幅度上扬，特别是一些珍贵树种木材不仅资源枯竭，而且价格飙升以百倍乃至千倍计，即使是原来常用的材料如进口的中美洲黄檀、巴西黑黄檀、伯利兹黄檀、交趾黄檀、卢氏黑黄檀、微凹黄檀等7种也相继被列入《并为野生动植物物种国际贸易公约》（CITES）的附录。预计随着热带雨林保护的加强，将有更多的红木家具用材会列入这个公约的附录。资源的不断减少乃至枯竭是一个不争的现实和趋势。面对如此资源现状，扩大红木用材资源范围，成为了缓解目前红木家具市场的一个主要方式。

如果说资源的问题是新古典红木家具成形和发展的内因的话，那么红木家具产业的需求则成为了其强大的外部发展动力。我国已形成了一些红木家具特色产业基地，集群化优势开始显现，如中山大涌、台山大江、江门新会、浙江东阳、福建仙游、江苏光福、山东淄博等等。因为许多相关企业在地域上处于同一地区，在原材料和半成品、配件、设备制造与维修、技术创新、人才培养等方面相互配合，从而降低了成本，提高了企业竞争力。这些地方的产业已经成为当地的一张名片，同时也在很大程度上拉动了当地经济的发展。在巨大的竞争面前，红木产业危机四伏而又充满机遇，红木家具企业纷纷进行转型升级，寻找适合自身发展的良方。在这种情况下，企业除了要在加强品牌建设、提高创新科研水平、资源整合、信息化建设等方面努力之外，更重要的一条就是抢占资源市场。然而单纯的"抢"不能解决红木原材料枯竭的问题，让更多的符合红木家具设计、审美、使用规格的木材进入到红木家具市场，才是一条可持续发展的道路。但扩大红木资源的范围，并不是盲目的扩大，如果没有原则，没有规范的扩大只会使我们的行业市场更加混乱，甚至会毁掉我们几百年形成的文化瑰宝。在科学、规范的前提下进行有限制的扩大，是我们"红木人"的历史使命。

三、新古典红木家具用材物理力学性能对比

正如上文所提到的，新古典红木，既是对传统的继承，也是在新的历史条件下的发展。传统红木家具用到的一些名贵木材有些早已没有自然出产，有一些产量也很小，还有一些属于濒危树种，受到了保护。中国产的红木，不但树种极少，而且产量极低。国内生产的红木家具所用的红木，绝大多数从印度、缅甸、泰国、越南、老挝等几个东南亚国家及南美洲、热带非洲进口。随着国际环保呼声的日益高涨，这些国家相继采取严格的限制制品政策，因而进口渠道日益狭窄、艰难。随着物流产业的发展，越来越多的木材各类进入到中国市场，它们有来自非洲、美洲、亚洲等各个国家。就材质上而言，它们都可以和我们熟知的却几乎在市场上消失的紫檀、黄花梨等木材相媲美。通过表3-1的对比，可以了解到各种树种的物理力学性能的对比，从而对木材的材质进行把握。

表3-1　常见红木家具用木材物理力学性能表

树种	气干密度 （g/cm³）	端面硬度 （N）	弹性模量 （GPa）	抗弯强度 （MPa）	体积干缩率 （%）
东非黑黄檀（黑酸枝木）	1.25~1.33	21060	20.55	213.8	7.6
巴西黑黄檀（黑酸枝木）	0.86~1.01	10100	12.97	130.8	8.5
阔叶黄檀（黑酸枝木）	0.75~1.04	14100	12.28	116.55	8.5
微凹黄檀（红酸枝木）	0.98~1.22	14104	12.97	130.8	7.0
印度紫檀（红酸枝木）	0.53~0.94	5890	11.97	96.5	6.8
非洲崖豆木（鸡翅木）	0.88	9940	16.4	151.9	8.9
斯图崖豆木（鸡翅木）	0.65	7380	13.0	101.4	8.9
铁刀木	0.64~0.78	6640	10.38	86.7	12
特氏古夷苏木（古夷苏木）	0.72	11610	18.74	173.1	13
爱里古夷苏木（古夷苏木）	0.67	5900	16.7	125.5	11.0
安哥拉紫檀（亚花梨）	0.59	6580	8.4	94.5	5.4
非洲紫檀（亚花梨）	0.67	8760	11.7	116.0	7.6
大美木豆（美木豆）	0.57	6940	10.9	106.9	10.7
香脂木豆	0.77	9790	16.8	157.0	10.0
柚木	0.54	4740	10.8	96.1	7.0
印茄木	0.91	7620	17.0	142.4	7.8
班尼斯沃铁木豆（红铁木豆）	0.93	15620	23.2	195.4	11.2

四、新古典红木家具主要树种

1.紫檀木

紫檀是豆科紫檀属，最适于用来制作家具和雕刻艺术品。用紫檀制作的器物经打蜡磨光不需漆油，表面就呈现出缎子般的光泽。因此有人说用紫檀制作的任何东西都为人们所珍爱。

图3-1　小叶紫檀

图3-2　紫檀木的荧光反应

檀香紫檀

中文名：檀香紫檀，《濒危野生动植物种国际贸易公约》中Ⅱ类濒危树种（以下简称为Ⅱ类）

俗称：小叶紫檀、紫檀木、印度小叶紫檀、牛毛纹紫檀

拉丁名：*Pterocarpus santalinus*

产地：印度南部

材性特征：

◆ 心材颜色：新切面橘红色，久刚转为深紫或黑紫，带浅色和紫黑色条纹，如图3-1

◆ 荧光反应：木屑水浸出液为紫红色，有荧光，如图3-2

◆ 气　　味：一般没有香气及其它气味，有时锯木时会散发极弱的得香味

◆ 纹　　理：纹理交错，局部呈绞丝状，纹理卷曲明显，故也称这为"牛毛纹"

◆ 气干密度：$1.05\sim1.26g/cm^3$

◆ 应用现状：生长缓慢，市面大料极为稀有，常言十檀九空，目前市面上最大的紫檀木直径仅为20厘米左右，紫檀生长极其缓慢，因出材率极低，资源奇缺，又有"寸檀寸金"之说。

◆ 微观特征省略，以下同。

2.花梨木

花梨木是紫檀属的木材，也是目前市场上较常见的一类木材，材色红褐至紫红，常带深色条纹。目前比较常见的包含下面几个树种：

图3-3　越柬紫檀

（1）越柬紫檀

中文名：越柬紫檀

俗称：老挝花梨、缅甸花梨、香红木

拉丁名：*Pterocarpus cambodianus*

产地：越南、老挝、马来西亚（西部）、新加坡、柬埔寨、泰国

材性特征：

◆ 心材颜色：色泽在紫色到深红色之间，如图3-3

◆ 荧光反应：木材的水浸出液有明显的蓝色荧光

◆ 气　　味：木材尤其是新切面具有浓郁的香气

◆ 纹　　理：油性大，有牛毛纹，黑筋非常细但可见，走势缥缈虚幻，如陶瓷釉色下的那种散彩。黑筋并排有很多根，分界明显，无明显棕眼

◆ 气干密度：$0.94 \sim 1.01 \mathrm{g/cm}^3$

◆ 应用现状：现存市场的褐色、紫褐色居多一些，紫褐色的料子油性也很好，总的来说越柬紫檀还是在花梨木中属于不错的红木之一，也很适合做红木家具，所以早期砍伐了很多很多。已经接近匮乏了，所以目前此材料在市场几乎不可见，很多专门做越柬紫檀生意的老板都改行了，因为无料可卖，纷纷转战大果紫檀，越柬紫檀比大果紫檀价格高很多。

图3-4 安达曼紫檀

（2）安达曼紫檀

中文名：安达曼紫檀

俗称：非洲黄花梨、奇费里

拉丁名：*Pterocarpus dalbergioides*

产地：产自安达曼群岛，即孟加拉湾与安达曼海之间的岛群，属印度

材性特征：

◆ 心材颜色：心边材区分明显，红褐至紫红褐色，常带黑色条纹，如图3-4

◆ 荧光反应：水浸出液黄褐色，有荧光

◆ 气　　味：香气无或很微弱

◆ 纹　　理：结构细；纹理典型交错，鹿斑花纹

◆ 气干密度：$0.69\sim0.87\text{g/cm}^3$

◆ 应用现状：市面大料较少，中国市场比较少见

图3-5 刺猬紫檀

（3）刺猬紫檀

中文名：刺猬紫檀

俗称：非洲花梨、亚花梨，这其实无形中降低了刺猬紫檀的身价。真正的亚花梨为本章第8类木材

拉丁名：*Pterocarpus erinaceus*

产地：产自热带非洲，塞内加尔、冈比亚、几内亚比绍、几内亚、马里、毛里塔尼亚等

材性特征：

◆ 心材颜色：心材橘红、砖红或紫红色，常带深色条纹，划痕可见至明显，如图3-5

◆ 荧光反应：水浸出液黄红色，有荧光

◆ 气　　味：香气无或很微弱，这是区别与其他花梨木的

◆ 纹　　理：结构细，纹理交错

◆ 气干密度：0.8～0.85g/cm³

◆ 应用现状：是中国红木家具中的后起之秀，市场中的储量大，刺猬紫檀在全国红木交易市场上销量最高。因其色泽、花纹与黄花梨相似，所以市场上称其为"非洲黄花梨"。这种木材有很大的升值空间。市面上经常用具有臭味的亚花梨来冒充刺猬紫檀和大果紫檀，消费者经常难以辨别。

（4）印度紫檀

中文名：印度紫檀

俗称：花榈木、蔷薇木、羽叶檀、青龙木

拉丁名：*Pterocarpus indicus*

产地：印度、缅甸、菲律宾、巴布亚新几内亚、马来西亚及印度尼西亚，中国广东、广西、海南及云南引种栽培

材性特征：

图3-6　印度紫檀

◆ 心材颜色：材色变化大，心材红褐、深红褐或金黄色，常带深浅相间的深色条纹，如图3-6

◆ 荧光反应：水浸出液深黄褐色，有荧光

◆ 气　　味：新切面有香气或很微弱

◆ 纹　　理：结构细；纹理斜至略交错，有著名的Amboyna树包（瘤）花纹

◆ 气干密度：0.53～0.94g/cm³

◆ 应用现状：由于名字与印度小叶紫檀相近，故被一些商家与明清家具中的紫檀木混淆，但其价值相差甚远。其材色与气干密度的变化均较大。

图3-7　大果紫檀

（5）大果紫檀

中文名：大果紫檀

俗称：缅甸花梨

拉丁名：*Pterocarpus macarocarpus*

产地：主产于缅甸、泰国和老挝，我国海南及台湾省有栽培。

材性特征：

◆ 心材颜色：心材一般呈橘红、砖红、紫红色、黄色或浅黄色，常有深色条纹，如图3-7

◆ 荧光反应：经水浸泡后，浸出液呈现明显的蓝色荧光。

◆ 气味：有浓郁的果香味，新切面香气更加明显

◆ 纹理：木纹清晰，结构细匀，某些部位有明显的虎皮纹

◆ 气干密度：$0.80 \sim 0.86 \mathrm{g/cm}^3$

◆ 应用现状：晚清至民国时期开始利用，是目前市场上比较常见的料，性价比高，由于其独特的纹理，并能散发一种悠远醇厚，不张扬的檀香味，深受广大红木收藏爱好者的喜爱。较黄花梨、紫檀、大红酸枝更低的价格，对于普通家庭来说比大红酸枝更适合作为买家具时的优先选。

图3-8　鸟足紫檀

（6）鸟足紫檀

中文名：鸟足紫檀

俗称：老挝花梨、东南亚花梨

拉丁名：*Pterocarpus pedatus*

产地：东南亚中南半岛，缅甸、柬埔寨等国

材性特征：

◆ 心材颜色：心材红褐至紫红褐色，具深浅相间条纹，如图3-8

◆ 荧光反应：木屑水浸出液荧光效果在花梨木中最为明显

◆ 气　　味：具有明显香气

◆ 纹　　理：木材具光泽，纹理交错，结构细而均匀，木材的表面花纹漂亮，很像鸟足；木材手感倍感细腻润滑

◆ 气干密度：0.96～1.00g/cm³

◆ 应用现状：鸟足紫檀目前市场上较为常见，香气独特浓郁，另外中医学指出鸟足紫檀的香气有平心静气、杀菌止痒之功效，销路十分日益火热。但常与大果紫檀混淆，其区别主要在于前者密度大于后都，另外后者的香气更为明显和浓郁。

3.香枝木

香枝木类的木材为豆科黄檀属中的木材，一般木材的心材辛辣香气浓郁，材色红褐。明清家具所用木材中的"黄花梨"就是指此种木材而不是产于其他地方的木材。但海南黄花梨现在在市场上几乎绝迹，人们更多看到和使用的是越南香枝木。

（1）降香黄檀

中文名：降香黄檀，Ⅱ类濒危树种

俗称：海南黄花梨、黄花黎、花狸、香枝木、降香

拉丁名：*Dalbergia odorifera*

产地：中国海南

材性特征：

◆ 心材颜色：心材新切面紫红褐或深红褐，也有的呈黄色或金黄色，如图3-9

◆ 荧光反应：有

图3-9　降香黄檀（海南黄花梨）

◆ 气　　味：新切面辛辣气浓郁，老材则香味淡

◆ 纹　　理：纹理斜或交错，活节处常常带有变化多端的
　　　　　　　"鬼脸纹"

◆ 气干密度：$0.82 \sim 0.94 \text{g/cm}^3$

◆ 应用现状：由于其生长特性及产地的限制，使降香黄檀
　　　　　　　木材在市场上极为稀有，且价格甚高，甚至
　　　　　　　被人们炒作。由于人们一般把其叫做海南黄
　　　　　　　花梨，故普通的消费者也会把它与上述紫檀
　　　　　　　属中的各类花梨木混同。在周默先生编著的
　　　　　　　《木鉴》一书中，把降香黄檀称作"黄花
　　　　　　　黎"，这应该是一种比较合理的方式，既不
　　　　　　　易于其他的"花梨木"混淆，又有其历史根
　　　　　　　据。此外，在红木家具中常用的越南黄花梨
　　　　　　　也常与海南黄花梨混淆，但前者至今为止中
　　　　　　　国林业部门没有给其一个明确的定位，且其
　　　　　　　材性也与海南黄花梨有明显区别。

（2）越南香枝木

图3-10　越南香枝

越南香枝木俗称越南黄花梨，"越南黄花梨"是近些年才有的一个称呼，它是相对于"海南黄花梨"而言的。在没有出现"越南黄花梨"之前，人们一般认为，"黄花梨"就是指海南黄花梨，即降香黄檀。而今出现了"越南黄花梨"，那么"黄花梨"的概念就变得不那么单纯了，往往要加上"海南"或"越南"这一产地附加词，至于"越南黄花梨"是什么时候被发现和作为家具用材开始使用的，目前还有待考证。一种说法认为它是新被发现的树种，近年才被使用。但也有人认为它早已被使用在传统家具上了，而且北京故宫珍藏的黄花梨家具，有些就是用越南黄花梨制作而成的，理由是那些家具的板

材很大，可见原材的直径很大，而海南黄花梨中极难找到如此大直径的原材，只有越南黄花梨才有可能，而且其颜色和纹理也极似。有关书籍也有黄花梨产自海南、广西、北越（也称安南）的说法，因此推论，越南黄花梨早就用于家具制作了。

而木材专家对此另有说法，杨家驹先生就说，"越南黄花梨"更是一种不规范的叫法，是老百姓觉得它的材质与降香黄檀很近似，姑且把它叫做"越南黄花梨"。事实上，这种树木至今没有名称，因为在国际最权威的木材志中查询不到这种树木。一个树种的命名，国际上的做法是先到英国皇家植物园查询，这是国际上认可的最权威的机构，如查无结果，也就是说，该机构尚未收录进该树种，那么它则属于新被发现的树种，才可以进行命名和发表。越南目前尚无此项专业的研究机构，越南现有树种在英国皇家植物园的备案，大多是外国人搞的，以法国人为最多。其中"越南黄花梨"未被报送，可能的原因是，该树种较少，未引起重视，或者是被遗漏，但前者的可能性较大。

4.黑酸枝木

黑酸枝是酸枝木中最好的一种。它颜色基本上是紫红紫褐或是紫黑，木材密度比较大，木质比较坚硬，抛光效果很不错，而且做成成品之后不容易开裂，所以，黑酸枝经常被用来制作工艺品和家具，跟紫檀一样，黑酸枝是一种名贵的木材。

黑酸枝又叫大叶紫檀，其实是原来都叫大叶紫檀，后来出了国标，国标中称大叶紫檀叫黑酸枝，所以规范叫法为黑酸枝。黑酸枝由于也被叫做"紫檀"，而且心材的新切面呈橘红色，久了会变成深紫色，还有一股酸香气，因此酷似紫檀。但其与紫檀属木材一个重要区别，大多数的黑酸枝类木材没有荧光反应。

图3-11 阔叶黄檀

（1）阔叶黄檀

中文名：阔叶黄檀

俗称：油酸枝、黑酸枝、玫瑰木、紫花梨

拉丁名：*Dalbergia latifolia*

产地：主产于印度、印度尼西亚的爪哇

材性特征：

◆ 心材颜色：心材多紫褐色、紫红色，少量黄色、黑色或紫色条纹、墨绿色条纹，如图3-11

◆ 气　　味：新切面及浸水时具有酸香气

◆ 纹　　理：结构细(但较其他种略粗)；纹理交错，具生长轮花纹；木材有光泽

◆ 气干密度：$0.75\sim1.04\mathrm{g/cm^3}$

◆ 应用现状：从2007年开始，国内一些厂家开始关注阔叶黄檀并开始生产家具，且其价格一直趋于上升，但国内进口的料一般均为板材，大料甚少。

图3-12 东非黑黄檀

（2）东非黑黄檀

中文名：东非黑黄檀

俗称：黑檀、黑紫檀、紫光檀、犀牛角紫檀、非洲黑檀

拉丁名：*Dalbergia melanoxylon*

产地：主产于非洲东部（坦桑尼亚、塞内加尔、莫桑比克、乌干达、安格拉）

材性特征：

◆ 心材颜色：心材深紫褐色至近黑色、带黑条纹，如图3-12

◆ 气　　味：木材气味很淡，基本没有人们常说的黑檀的那种酸香和辛辣味

◆ 纹　　理：结构甚细；纹理通常直，其切面滑润，棕眼

稀少，肌理紧密，油质厚，精加工的木材在视觉和触觉上有如玉质或犀牛角的感觉

◆ 气干密度：$1.25 \sim 1.33\text{g/cm}^3$

◆ 应用现状：在市场中往往把东非黑黄檀当作"乌木"或"黑檀"进口。大料甚少，且出材率低，一般只有30%。

图3-13 巴西黑黄檀

（3）巴西黑黄檀

中文名：巴西黑黄檀，Ⅰ类濒危树种

俗称：巴西玫瑰木

拉丁名：*Dalbergia nigra*

产地：主产于巴西

材性特征：

◆ 心材颜色：心材材色变异较大，褐色、红褐到紫黑色；有油质感，如图3-13

◆ 气　味：新切面略具甜味或无

◆ 纹　理：纹理直，有时波状，结构细，均匀

◆ 气干密度：$0.86 \sim 1.01\text{g/cm}^3$

◆ 应用现状：巴西黑黄檀在市场上卖的数量并不多，且很少有大料。

图3-14 伯利兹黄檀

（4）伯利兹黄檀

中文名：伯利兹黄檀，Ⅱ类濒危树种

俗称：大叶黄花梨

拉丁名：*Dalbergia stevensonii*

产地：中美洲，主产于伯利兹

材性特征：

◆ 心材颜色：心材浅红褐色，具深浅相间条纹，如图3-14

◆ 气味：新鲜切面略具香气，久则消失

◆ 纹理：纹理直至略交错；木材结构细，略均匀

◆ 气干密度：$0.93\sim1.19g/cm^3$

◆ 应用现状：进入中国市场多年，但常被当成红酸枝，在红木家具中所占份额不大。

（5）卢氏黑黄檀

中文名：卢氏黑黄檀，Ⅱ类濒危树种

俗称：大叶紫檀

拉丁名：*Dalbergia louvelii*

产地：非洲马达加斯加北部，东北部

材性特征：

图3-15　卢氏黑黄檀

◆ 心材颜色：心材新切面橘红色，久则转为深紫或黑紫；划痕明显，如图3-15

◆ 气　味：具有微弱酸香气

◆ 纹　理：纹理交错；木材结构细而均匀，局部有卷曲

◆ 气干密度：$0.95g/cm^3$

◆ 应用现状：1996年进入中国市场多年，开始时把它当做檀香紫檀来销售，但在制作家具时很难达到紫檀木家具的效果，因而被人质疑，后经相关部门认定，证实其货源来自马达加斯加，该国政府部门行文并出具证明证实其为卢氏黑黄檀（Dalbergia louvelii），假冒檀香紫檀的风波终于平息。但由于其材色、结构、密度等均与小叶紫檀十分相似，市场上仍把它叫做"大叶紫檀"。有人将其称作所谓"海岛型紫檀"，冒充真正产于印度南部的檀香紫檀。

5.红酸枝木

　　红酸枝木类我国北方称之为"老红木"，广东、广西称之为"酸枝"，为豆科檀属木材，主要产于印度，以及东南亚一些国家。红酸枝木的新切面有酸枝木特有的酸香气，故称之为酸枝。材色约分为偏红色系和偏褐色系，红酸枝木产量大，有宽大材幅，颜色花纹美丽，材质优良，广泛用于制作各种类型、款式红木古典家具，也适宜制作装饰工艺品、乐器、雕刻等。在目前红木家具市场中比较常见，主要有以下几种：

图3-16　巴里黄檀

（1）巴里黄檀

中文名：巴里黄檀

俗称：红酸枝、紫酸枝、花枝等

拉丁名：*Dalbergin bariensis*

产地：越南、泰国、柬埔寨、老挝等地

材性特征：

◆ 心材颜色：心材显现玫瑰黄色、红褐色、灰紫褐色，常有宽窄不等的黑色或紫黄色带状条纹，如图3-16

◆ 气　　味：新切面微有酸香气，久则无特殊滋味

◆ 纹　　理：木材表面常显现出类似于鸡翅木的纹理或形成所谓的鱼鳞状纹理，结构细而均匀

◆ 气干密度：$1.04\sim1.07\mathrm{g/cm}^3$

◆ 应用现状：巴里黄檀和奥氏黄檀进行红木家具市场相对较晚，因此也有人将它们称作"新红木"，而把交趾黄檀称为"老红木"，而且巴里黄檀和奥氏黄檀的价格低于交趾黄檀，但用量逐渐增大。

图3-17 奥氏黄檀

（2）奥氏黄檀

中文名：奥氏黄檀

俗称：缅甸红酸枝、白酸枝、花枝

拉丁名：*Dalbergia oliveri*

产地：越南、泰国、柬埔寨、老挝等地

材性特征：

◆ 心材颜色：心材新切面浅红色至深红褐色，常带明显的
黑色条纹，与巴里黄檀极为相似，如图3-17

◆ 气　　味：新切面或水浸湿木材具酸味

◆ 纹　　理：结构细；纹理通常直或至交错

◆ 气干密度：1.00g/cm^3

◆ 应用现状：与巴里黄檀相似。

图3-18 交趾黄檀

（3）交趾黄檀

中文名：交趾黄檀，Ⅱ类濒危树种

俗称：大红酸枝，老挝红酸枝

拉丁名：*Dalbergia cochinchinensis*

产地：主产于泰国、越南和柬埔寨

材性特征：

◆ 心材颜色：心材新切面紫红褐或暗红褐，常带黑褐或栗
褐色深条纹，如图3-18

◆ 气　　味：有酸香气或微弱

◆ 纹　　理：结构细；纹理通常直，木材具有光泽。

◆ 气干密度：$1.01\sim1.09\text{g/cm}^3$

◆ 应用现状：是传统意义上的"红木"，在相当长的时
期，人们一直把交趾黄檀当作唯一的红木。
是传统红木家具中较为常见的树种，但价格
比上述两种巴里黄檀和奥氏黄檀高。

图3-19　微凹黄檀

（4）微凹黄檀

中文名：微凹黄檀，Ⅱ类濒危树种

俗称：可可波罗、美洲酸枝

拉丁名：*Dalbergia retusa*

产地：主产于中美洲的墨西哥、伯利兹、哥斯达黎加、萨尔瓦多、危地马拉、洪都拉斯、尼加拉瓜及巴拿马

材性特征：

◆ 心材颜色：心材呈橙色或红褐色，微凹黄檀木材刚刨切的时候呈黄红色，因其油性充足，其表面很快氧化，变成的橙红色，并有深黑色条纹，类似于老挝红酸枝的黑筋，如图3-19

◆ 气　　味：刨切时有比较浓的酸香味

◆ 纹　　理：纹理纤细及密度高，而且容易处理，能够产生清澈的音调

◆ 气干密度：$0.98 \sim 1.22 \text{g/cm}^3$

◆ 应用现状：微凹黄檀于2004年开始少量进入中国市场，现已被广大企业认同，生产高档家具和乐器。因其材料稀有及材质卓越，在国外人们把它称作"帝王木"；在国内部分商家也称之为美洲香枝木，价格较高。

图3-20　中美洲黄檀

（5）中美洲黄檀

中文名：中美洲黄檀，Ⅱ类濒危树种

俗称：无，常混同于微凹黄檀

拉丁名：*Dalbergia granadillo*

产地：主产地中美洲尼加拉瓜、哥斯达黎加、危地马拉等国。

材性特征：

◆ 心材颜色：心材新切面暗红褐、橘红褐至深红褐，常带

黑色条纹，如图3-20

◆ 气　　味：新切面气味辛辣

◆ 纹　　理：结构细；纹理直或交错

◆ 气干密度：$0.98 \sim 1.22 g/cm^3$

◆ 应用现状：在国外，微凹黄檀和中美洲黄檀几乎是不分的，都叫Cocobolo。中美洲黄檀作为一种树种，相对来说是新发现的，是微凹黄檀的近亲，中美洲黄檀的颜色深一些。

6.鸡翅木

在崖豆属、铁刀木属中，有一类名为鸡翅木类的木材，分布于全球亚热带地区，主要产地东南亚和南美，因为有类似"鸡翅"的纹理而得名。纹理交错、清晰，颜色突兀，在红木中属于比较漂亮的木材，有微香气。由于其花纹美丽，价格相对较低，在红木家具中较为常用。

图3-21　非洲崖豆木

（1）非洲崖豆木

中文名：非洲崖豆木

俗称：非洲鸡翅木、崖豆木、黑鸡翅木

拉丁名：*Millettia laurentii*

产地：主产于扎伊尔、喀麦隆、刚果、加蓬等中非国家

材性特征：

◆ 心材颜色：心材黑褐色，常带黑色条纹，纹理比较大，夸张，分黑鸡翅和黄鸡翅，如图3-21

◆ 气　　味：无

◆ 纹　　理：结构细至中；纹理通常直，波痕不明显，木材弦切面鸡翅状花纹明显

◆ 气干密度：$0.88 g/cm^3$

◆ 应用现状：在市场中较为常见，价格居中，比如广西那边的工艺品大多都是非洲鸡翅木做的。

图3-22　白花崖豆木

（2）白花崖豆木

中文名： 白花崖豆木

俗称： 缅甸鸡翅木、黑鸡翅

拉丁名： *Millettia leucantha*

产地： 主产于缅甸和泰国

材性特征：

◆ 心材颜色：心材黑褐或栗褐色，常带黑色条纹，且略带油性，如图3-22

◆ 气味：无

◆ 纹理：纹理直至略交错，纹理细并且有条理，故又称做小鸡翅，密度也比大鸡翅

◆ 气干密度：$1.02g/cm^3$

◆ 应用现状：市场最为常见的鸡翅木就是白花崖豆木，也就是我们常说的缅甸鸡翅木，在鸡翅木类中，其价格最高。然后就是铁刀木了。就价格而言，缅甸鸡翅木的市场价格在比非洲鸡翅木的市场价格高1.5倍左右，而铁刀木不到它的一半价。

图3-23　铁刀木

（3）铁刀木

中文名： 铁刀木

俗称： 泰国山扁豆、孟买黑檀、孟买蔷薇木、黄鸡翅

拉丁名： *Cassia siamea*

产地： 主产于东南亚，中国云南、广东普遍引种栽培

材性特征：

◆ 心材颜色：心材黄褐或栗褐色，常深浅相间的条纹，边
材浅黄褐色，如图3-23

◆ 气　　味：无

◆ 纹　　理：木材纹理直，结构略粗，其花纹不如崖豆木
清晰明显

◆ 气干密度：$0.64\sim0.78g/cm^3$

◆ 应用现状：铁刀木在整个东南亚都有产，因为产量多，
分布广，所以价格便宜，有的用于高档室内
装修，比如地板、门之类的，因为也属于红
木，价格比崖豆木低$2\sim3$倍，所以非常受欢
迎。

7. 条纹乌木

又称纹乌木，顾名思义是有条纹的乌木。柿树属，条纹乌
木木材的心材材色黑或栗褐，间有浅色条纹。

（1）苏拉威西乌木

中文名：苏拉威西乌木

俗称：条纹乌木，乌云木，印尼黑檀。

拉丁名：*Diospyros celehica*

产地：主产于印度尼西亚苏拉威西岛，是印尼的国宝级植物

材性特征：

◆ 心材颜色：材黑色或巧克力色（栗褐色），具深浅相间
条纹，如图3-24

◆ 气味：无

◆ 纹理：木材纹理直至交错，具光泽，结构细而匀。

◆ 气干密度：$1.09g/cm^3$

◆ 应用现状：由于印尼近年颁布严厉的"禁伐令"，使得

图3-24　苏拉威西乌木

中国国内很少见到苏拉威西乌木大料，价格颇高。

（2）菲律宾乌木

图3-25　菲律宾乌木

中文名：菲律宾乌木

俗称：条纹乌木，乌云木，印尼黑檀。

拉丁名：*Diospyros philippensis*

产地：主产于菲律宾、斯里兰卡

材性特征：

◆ 心材颜色：心材黑、乌黑或栗褐色，带黑色及栗褐色条纹，如图3-25

◆ 气　　味：无

◆ 纹　　理：结构甚细；纹理通常直至略交错；木材干缩大

◆ 气干密度：$0.78 \sim 1.09 \text{g/cm}^3$

◆ 应用现状：由于苏拉威西乌的短缺，菲律宾乌木的价格近来上涨迅速，经常与苏拉威西乌木混卖。

8.亚花梨

亚花梨也属于紫檀属，与花梨木类的树种在外观及材性上十分相似，但在之前的官方规

定的相关标准中因为各种原因，没有把它们归为花梨木类，故而被称之为亚花梨。在中国市场中主要有以下几个树种。

（1）非洲紫檀

图3-26　非洲紫檀

中文名：非洲紫檀

俗称：红花梨、高棉花梨、非洲红花梨

拉丁名：*Pterocarpus soyauxii*

科属：蝶形花科紫檀属

产地：主产于中非和西非的喀麦隆、加蓬、刚果

材性特征：

◆ 心材颜色：红色至深红色，久置变带紫色的深色，如图 3-26

◆ 气　　味：微弱香气

◆ 纹　　理：纹理直略交错，具深色个性条纹，油脂含量中

◆ 气干密度：$0.67 \sim 0.82 \text{g/cm}^3$

◆ 应用情况：目前市场中大料较多，价格实惠亲民，常被称为"实木价格"享"红木品质"；与传统红木有着非常接近的属性；可采用传统工艺，不上漆不上色，经久耐用；颜色喜庆，具清香，心材很耐腐，加工性能好。新作家具颜色相对艳丽，久后逐渐变成深红色；其木性与传统红木材质相比偏软，毛孔略粗。

图3-27 安哥拉紫檀

（2）安哥拉紫檀

中文名：安哥拉紫檀

俗称：高棉

拉丁名：*Pterocarpus angolensis*

科属：蝶形花科紫檀属

产地：主产于津巴布韦、赞比亚、坦桑尼亚等非洲国家。

材性特征：

◆ 心材颜色：心边材区别极明显。心材砖红色，具深色细条纹，久则转为暗红色，如图3-27

◆ 气　　味：微弱香气

◆ 纹　　理：纹理直略交错，结构细；具有光泽。

◆ 气干密度：0.66g/cm^3

◆ 应用情况：我国现在市场上的安哥拉紫檀主要为一些高

档家具制作的主要材料。用来制作高档家具用剩下来的安哥拉紫檀木料、小料等，就会用来制作檀香。不过是用作为制作檀香的辅助料。它的市场价格相对而言，不及其他的花梨木。

图3-28 安氏紫檀

（3）安氏紫檀

中文名：安氏紫檀

俗称：非洲花梨

拉丁名：*Pterocarpusantunesli*

科属：蝶形花科紫檀属

产地：主产于中热带非洲

材性特征：

◆ 心材颜色：心边材区别不明显，木材黄褐色，具深浅相间的条纹，如图3-28

◆ 气　　味：新加工的锯材有酸臭味。

◆ 纹　　理：纹理直略交错，结构细

◆ 气干密度：$0.51\sim0.72g/cm^3$

◆ 应用情况：与越柬紫檀和降香黄檀相似，木材花纹美丽奔放，又有类似于黄花梨的鬼脸纹。闻的气味就是区别于紫檀属其他木材最重要的特征。心材强度、硬度、干缩性能、干燥性能中等；加工容易，油漆或上蜡性能良好。

9.古夷苏木

苏木科古夷苏木属的一类木材，目前在市场上较为常见。

俗称：巴西花梨、非洲花梨、红贵宝、沉贵宝、高山花梨。市场中常见的有阿诺古夷苏木（G.arnoldiana）、爱里古

图3-29 爱里古夷苏木

夷苏木(G.ehie)、德米古夷苏木（G.demeusei）、佩莱古夷苏木（G.pellegriniana）、特氏古夷苏木(G.tessmannii)

拉丁名：*Guibourtia spp*

产地：主产于科特迪瓦、加纳喀麦隆、尼日利亚、加蓬等国。

材性特征：

◆ 心材颜色：心材巧克力色，近黑色的暗褐色，如图3-29

◆ 气味：无

◆ 纹理：纹理交错明显，带有浅棕色条纹，油脂含量中

◆ 气干密度：$0.88\sim1.10g/cm^3$

◆ 应用情况：木材易空心，白边，不好取料，出材率低；古夷苏木的颜色及花纹酷似花梨木，其条纹通常比紫檀属的木材还清楚，因此市场上常称其为"巴西花梨"，但其价格与花梨木相差甚远，是目前红木家具市场中较为常见的材料。

10.风车木

使君子科风车藤属，产自非洲莫桑比克等地，此木制成的器具使用时间越久，色泽越呈黝黑沉古，很具收藏价值。

中文名：风车木

俗称：黑紫檀、皮灰、芒桑、黑木

拉丁名：*Combratum imberbe*

产地：主产于莫桑比克、津巴布韦、赞比亚等国

材性特征：

◆ 心材颜色：暗褐色至咖啡色略带紫，久则呈黑褐色，如图3-30

◆ 气　　味：无

◆ 纹　　理：纹理略斜，结构粗，因射线内含有白色结晶

图3-30　风车木

而具有较强光泽。

◆ 气干密度：$0.91\sim1.10g/cm^3$

◆ 应用情况：木材加工较困难，边材极易虫蛀，因此在加工时要极其注意；风车木由于外皮深灰褐因而又名"皮灰"，板内含有白色树胶和二氧化硅，致使在阳光下有白点；其价格较为适中，在市场上颇受欢迎，但要注意风车木与乌木及东非黑黄檀相混淆。

图3-31 红铁木豆

11.红铁木豆

蝶形花科铁木豆属的一类木材，主要分布于热带美洲和非洲地区。

俗称：非洲小叶紫檀，红檀，铁木豆。市场常见的树种有葱叶状铁木豆（S.fistuloides）、马达加斯加铁木豆(S.madagascariensis)、铁木豆(S.benthamiana)、黄瓣铁木豆(S.xanthopetala)。

拉丁名：*Swartzia spp*

产地：主产于加蓬、刚果、喀麦隆等国。

材性特征：

◆ 心材颜色：心材红褐色，常具深色同心圆状条纹，如图3-31

◆ 气味：有微弱香气

◆ 纹理：纹理交错；结构细而均匀，斑马纹、火焰纹以及红色羽翅纹，油性偏高

◆ 气干密度：$0.89\sim1.0g/cm^3$

◆ 应用情况：在2001年底以前，一些院校和林科院其鉴定为黄檀属红酸枝木，2002年初确定其不属于红木类。由于新锯的红铁木豆为富贵红，

随日久氧化为紫黑色，因其沉稳、高贵的颜色，符合中国"红红火火"、"大红大紫"、等吉祥寓意，备受追捧。市面上的大料较少，有个别产品以其代替印度小叶紫檀。

12.香脂木豆

图3-32　香脂木豆原木

蝶形花科香脂木豆属树种，天生异香，长置室内具有香味悠远绵长，提神怡情之功效。

俗称：红檀香

拉丁名：*Myroxylon balsarmum Harms.*

产地：主产于巴西、秘鲁、委内瑞拉等国

材性特征：

◆ 心材颜色：心材红褐色至紫红褐色，具浅色条纹，如图3-32

◆ 气　　味：香气特殊而持久

◆ 纹　　理：木材纹理交错；结构甚细而匀，木材光泽性强

◆ 气干密度：$0.85 \sim 1.03 \mathrm{g/cm^3}$

◆ 应用情况：耐久、耐腐耐磨，有木王之称。目前在国内地板中应用较多，可有部分用仿古典家具。

13.摘亚木

图3-33　摘亚木

苏木科摘亚木属的一类木材，原"东南亚木材"一书中曾译为"达里乌木"，现因乌木类商品材归柿树科柿树属具黑色心材树种之商品名，为与此类木材相区别，故改豆，即豆科。

俗称：柚木王，南洋红檀，达里豆 ；市场常见的树种有越南摘亚木(D.cochinchinensis)、印度摘亚木（D.indum）、阔萼摘亚木(D.platysepalum)

拉丁名：*Dialium spp.*

产地：主产于东南亚、热带美洲和非洲，如越南、泰国、柬埔寨、马来西亚、印度尼西亚、沙捞越、巴西、秘鲁、墨西哥、加蓬、喀麦隆、扎伊尔、刚果、安哥拉、马达加斯加等国。

材性特征：

◆ 心材颜色：心材新伐时为浅金黄褐色，久之则转深，为褐色或红褐色具深色同心圆细线，如图3-33

◆ 气　　味：无

◆ 纹　　理：纹理交错或波浪形，结构细，木材光泽强。

◆ 气干密度：$0.93 \sim 1.08 g/cm^3$

◆ 应用情况：在国内木材市场上，"达里豆"木名源于属名DIALIUM中DIALI音译加豆。在家具制造业中常用其替代酸枝木来制作传统硬木家具，并受到消费者的青睐。此外，因其经过科学加工后的良好木材特性足以与真正柚木相媲美而被冠以"柚木王"的美誉，常被用于地板。

14. 印茄木

图3-34　印茄木

苏木科印茄属的一类木材，生长在天堂雨林中的珍贵热带硬木，需要80年才成熟。

俗称：菠萝格、太平洋铁木、南洋红宝；市场上常见的树种有印茄(I.bijuga)、帕利印茄(I.palembanica)、微凹印茄(I.retusa)。

拉丁名：*Intsia spp.*

科属：苏木科印茄属

产地：主产于印尼苏门答腊至大洋洲新几内亚岛。

材性特征：

◆ 心材颜色：心材红褐色至淡栗褐色，具深色带状条纹，

管孔内硫黄色沉积物极为明显，遇铁及水易变色，如图3-34

◆ 气　　味：无

◆ 纹　　理：纹理交错，结构略粗，耐腐、耐久性强，有光泽。

◆ 气干密度：0.80~0.94g/cm^3

应用情况：因其生长速度慢，成材时间长，近年来木材出口国对原木出口进行限制，使印茄木价格上升。

15.柚木

图3-35　柚木

马鞭草科柚木属，是世界上最珍贵、著名的木材之一，在使用钢铁作为造船材料之前，是公认的最好的造船材料。

俗称：泰柚、胭脂木、紫油木、血树、脂树

拉丁名：*Tectona grandis*

产地：原产东南亚，目前热带地区均有分布

材性特征：

◆ 心材颜色：边材浅黄褐色，心材金黄色，久之变为深黄褐色，在生长干燥地区者多呈现褐色条纹，弦切面上呈抛物线花纹，如图3-35

◆ 气味：新伐材略有刺激性气味(如燃后的羽毛味)

◆ 纹理：纹理通常直，但可能有交错纹理；结构中至略粗；木材有光泽；触之有脂感。

◆ 气干密度：0.51~0.60g/cm^3

◆ 应用情况：柚木是造船、地板、高级家具、室内装修、桥梁及海港码头建筑用材。单板可用于贴面，是世界公认的名贵树种，价格虽没有红木高，但其产品的性价比很高，被广大消费都接受，因此是高档新古典红木家具的理想材料。

图3-36　香樟木

16.香樟

樟科樟属的一种，植物全体均有樟脑香气，可提制樟脑和提取樟油。

俗称：小叶樟、红心樟、樟树

拉丁名：*Cinnamomum camphora*

产地：主产于分布在长江以南以及西南地区，以台湾最多

材性特征：

◆ 心材颜色：心边材区分明显，心材红褐色或深红褐色，边材黄褐色，木切面光滑有光泽。

◆ 气味：具有特殊香气

◆ 纹理：木材纹理斜，结构细而均匀

◆ 气干密度：0.58g/cm³

◆ 应用情况：香樟主要用于制作衣箱、书箱、柜及床的雕花板，油漆后色泽美丽且易于雕刻。上等的香樟为红褐色或咖啡色，目前市场上的为白色或浅灰色，香气刺鼻，一般称之为"白樟"或"臭樟"。

图3-37　小叶红豆

17.小叶红豆

蝶形花科红豆树属的一种，应该属于中国本土的树种，常来制作高级工艺品。

俗称：红心红豆、黄姜丝、鸭公青

拉丁名：*Ormosia microphylla*

产地：主产于我国长江以南各省区

材性特征：

◆ 心材颜色：心边材区分明显，心边材区别明显，心材新
鲜切面呈橘红色，久置空气中则变深红色或
红紫色，如图3-37

◆ 气　　味：无

◆ 纹　　理：木材纹理直，结构细致，弦切面近乎叠生的
宽纺锤形木射线构成棒状花纹。

◆ 气干密度：$0.83 \sim 0.86 \mathrm{g/cm}^3$

◆ 应用情况：强度及硬度中等。加工容易，油漆或上蜡性
能良好。宜作椅类、床类、顶箱柜、沙发、
餐桌、书桌等高级仿古典工艺家具。广西北
部群众称之为"紫檀"。用其木材做成佛
珠、手链长期佩戴，能驱瘟辟邪、祛除风
寒、消灾祈福。

【参考文献】

[1] 读图时代项目组.中国古典家具用材鉴赏手册[M].湖南：湖南
美术出版社,2011.

[2] 国家质量技术监督局.中华人民共和国国家标准GB/T 18107-
2000红木[S].北京：中国标准出版社,1997.

[3] 海凌超,徐峰.红木与名贵硬木家具用材鉴赏[M].北京:化学工业
出版社,2010.

[4] 中华人民共和国国家发展和改革委员会.中华人民共和国轻工
行业标准QB/T 2385-2008深色名贵硬木家具[S].北京：中国
轻工业出版社.

[5] 周默.木鉴[M].太原：三晋出版社，2010.

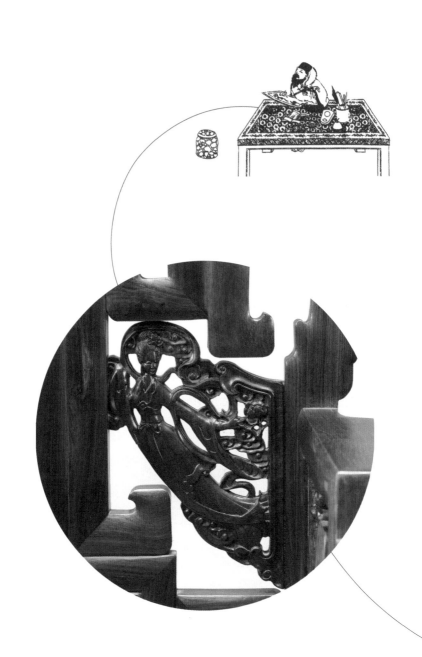

新古典

红木家具

第四章

新古典红木家具样式和装饰

一、新古典红木家具样式

古典红木家具是中国家具史上一个辉煌的艺术成就，无论是造型还是装饰方面都达到登峰造极的境界，为后人留下宝贵的文化和艺术遗产。新古典红木家具是在符合现代社会生活形式的基础上发展，是红木家具现代设计的探索。新古典红木家具也不是凭空发展而来，所建立的基础包含古典家具创造的艺术，以及现代形式对现代家具的新要求。一方面保留原有优秀的家具式样，继承古典家具文化艺术；一方面改进古典家具的式样，或创造新的红木家具形式，满足现代审美需求，进而符合现代生活形式需要。总之，新古典家具是立足古典家具辉煌的艺术基础上，以现代社会需求为定位的现代红木家具设计。

新古典家具的式样包含有椅凳类家具、床榻类家具、桌案类家具、橱柜类家具、几类家具、台架类等六大类，每一大类既包含古典家具的一些形式，又包含创新设计的家具形式。

1.椅凳类家具

椅类家具是靠背坐具的总称，提供人们日常就座的需要，是古典家具比较经典的一类家具，变化也是最丰富的家具式样。

（1）宝座

宝座是一种形体较大的椅子，装饰比较丰富，结构复杂的家具。宝座家具来源于古典宫廷家具皇帝的座椅，因此形体庞大，装饰丰富，结构复杂，工艺精美，彰显家具的华丽与高贵，具有皇帝至高皇权地位象征意义。古典家具中的宝座一般单独出现，很少成对。由于宝座的高贵和华丽而备受现代人的喜爱，新古典红木宝座家具演变成现代大型实木沙发，不仅有成对形式，也有联体形式，用于面积较大的空间。如图4-1所示，以在宝座为基本原型的基础上，将宝座高度做低，并且采

图4-1　宝座沙发

宝座家具来源于古典宫廷家具皇帝的座椅，因此形体庞大，装饰丰富，结构复杂，工艺精美。将宝座高度做低，做成整套的客厅座椅。

用延伸设计，做成整套的客厅座椅，有单人、双人的形式。

（2）官帽椅

官帽椅是一类带有扶手和靠背的家具，最典型的特色就是搭脑部分向上拱起，类似古代的"乌纱帽"，而且搭脑与后腿交接时，两端出头且稍稍向上翘起，呈现民间所谓的 "纱帽翅"状，因此而得名的。官帽椅是北方地区的称呼，分为四（仕）出头官帽椅和南官帽椅，而南方地区（主要江浙地区）则称这类家具为文椅或禅椅，并且在两种官帽椅间还出现两出头文椅。官帽椅是古代文人常用的椅子，不仅名字带有人们喜爱的谐音含义。同时，官帽椅的靠背呈"s"型，与人体的坐姿比较吻合，使用起来比较舒适，坐姿端正，备受现代人的喜爱。官帽椅一般用于书房，或者用于客厅的。新古典红木家具业有把官帽椅设计成矮型化，适合现代人的使用习惯。如图4-2所示，家具的形式保留原有官帽椅的设计感，但将官帽椅以方材的形式进行表达，同时加入线脚的设计语言，整体官帽椅显出别样风味。

（3）圈椅

圈椅是红木家具中比较特别的椅子样式，起源于中国的"圆椅"、"醉翁椅"或"仙椅"，在不同的时代有不同的变官帽椅是一类带有扶手和靠背的坐具，最典型的特色就是搭脑部分向上拱起，类似古代的"乌纱帽"。新古典红木家具则把官帽椅椅面高度适当降低，以适合现代人的使用习惯。➔

图4-2　官帽椅

体形式。有人认为圈椅是又交椅演变而来的。圈椅其最大的特征就是椅圈自搭脑部位伸向两侧，然后又向前顺势而下，尽端形成扶手，形成一个较大的弧圈状，弧圈呈现10°的倾斜，使用时两手、两肘、两臂一并得到很好的支撑，使人感到坐感舒适，颇受人们的喜欢。从整体造型上看，圈椅上圆下方，上曲下直。圈椅的椅圈多用弧形圆材攒接，搭脑处稍粗，自搭脑向两端渐次收细。为与椅圈形成和谐的效应，这类椅子的下部腿足和面上立柱采用光素圆材，只在正面牙板正中和背板正中点缀一组浮浅简单的花纹。还有另外一种形式的变体圈椅，坐面以下采用鼓腿彭牙带托泥的圈椅。圈椅是一款比较经典的座椅样式，新古典圈椅一般有两种形式，一种是高仿圈椅，一般按古典形式设计制作。一种是改制圈椅，将椅子高度做得比较低，椅子上半部分通常不会改动。如图4-3所示，圈椅的基本形式没有改变，家具的靠背、家具座面以及家具支撑部分进行改制，吸收现代家具设计的元素。

圈椅是红木家具中比较特别的椅子样式，起源于中国的"圆椅"、"醉翁椅"或"仙椅"，在不同的时代有不同的变体形式。此把圈椅的基本形式没有改变，家具的靠背、家具座面以及家具支撑部分进行改制，吸收现代家具设计的元素。

图4-3　圈椅

（4）玫瑰椅

玫瑰椅是一种体形较小、较轻便的椅子，一般用于室内备用或临时使用的椅子。玫瑰椅的靠背一般比较低，和扶手的高度相近。玫瑰椅的形式比较固定，但类型变化却很丰富，这种椅子的扶手和靠背都采用圆形直材，靠背、扶手及座面以下装饰花样繁多，较其他椅子新颖别致，故以玫瑰命名。玫瑰椅轻盈、小巧，一般可以改做成书房用椅，餐椅以及休闲空间椅子。

（5）一统碑椅

一统碑椅是无扶手靠背椅的统称，椅子的上部没有扶手只有靠背部分，搭脑部分可以出头也可以不出头，就像碑的形

一统碑椅是无扶手靠背椅的统称，椅子的上部没有扶手只有靠背部分，搭脑部分可以出头也可以不出头，就像碑的形式，因此而得名。此椅保留无靠背椅子的设计原型，将无靠背的椅子座面高度降低，做成餐椅的形式，符合现代人的使用习惯。➡

图4-4　一统碑椅

式，因此而得名。一统碑椅家具的形制与官帽椅相似，只是缺少扶手，故有人认为一统碑椅是官帽椅的一种变体。与官帽椅相比较，形式比较简单，方便移动和使用，也不阻碍人身体的活动性，是扶手椅的备用家具式样。这类家具使用范围很广，可作为餐椅、书房用椅或者其他休闲空间。如图4-4所示，保留无靠背椅子的设计原型，将无靠背的椅子座面高度降低，做成餐椅的形式，符合现代人的使用习惯。

（6）交椅

交椅在现代社会已经成为地位重要的代名词，起源于汉末北方传入的胡床，前后两腿形成交叉形式，交接点作轴，上横梁穿绳代当。于前腿上截即坐面后角上安装弧形拷佬圈，正中有背板支撑，人坐其上可以后靠。交椅不仅陈设室内，外出时亦可携带。宋、元、明乃至清代，交椅制作更为精细，专门为皇室官员和富户人家外出巡游、狩猎使用，故此交椅成为地位的象征。由于交椅符合人体工程学，坐感舒适，因而形式结构没有明显变化。

（7）凳类家具

凳类家具是不带靠背的坐具，是起辅助使用的家具样式，一般分为圆形、方形、长方形、梅花形、桃形、六角形、八角形和海棠形。凳类家具起源于古典家具的马杌，是供人们上马使用的家具，后来演变成室内使用的家具。在明清家具中，凳子的高度一般比较固定，常用于卧室辅助性使用。而在新古典红木家具中，凳子也可与客厅沙发家具配合使用，凳子高度也富有变化，可以根据需要进行设计。凳子的形式比较多样，极富有装饰有韵味，制作手法又分有束腰和无束腰两种形式。有束腰凳大部分都用方形材料，而无束腰凳则方料、圆料都用。如罗锅帐加矮佬方凳、裹腿劈料方凳等。有束腰者可用曲腿，如鼓腿膨牙方凳，三弯腿方凳，而无束腰者都用直腿。有束腰者足端都作出内翻或外翻马蹄儿，而无束腰者腿足无论是方是圆，足端都很少作装饰。凳类家具腿足数量也有很多变化，有三腿、四腿、五腿等，最多可达八腿。凳面的板心装饰形式多样，有嵌硬木、藤心、席心、影木、珐琅、陶瓷、云石等。如图4-5所示，凳类红木家具经常设计成现在的活动座椅，使用方式不受限制，可以是座椅茶几配套椅，也可作为客厅备用椅。

（8）墩类家具

墩类家具与凳类家具相似，属于无靠背的坐具，墩类家具平面一般呈现圆形，少量瓜棱式、海棠式、梅花式、六角式、八角式凳，其特点是两头小，中间大，形如花鼓，故又有鼓墩凳类家具起源于古典家具的马杌，是供人们上马使用的家具，后来演变成室内使用的家具。凳类红木家具经常设计成现在的活动座椅，使用方式不受限制，可以是座椅茶几配套椅，也可作为客厅备用椅。

图4-5　凳类家具

的别名。在古典家具中，墩类家具常有瓷、雕漆、彩漆、木材等材质制成的。除此以外，还有一种特殊的墩类家具，叫绣花墩，一般供未出嫁的女性在卧室使用，墩面常以刺绣精美花纹的坐套，形制很秀气。新古典红木墩类家具基本没有太大的改动，仍然保留原有的家具形式，家具的做法也较为简洁，除了木墩以外没有增加其他的家具形制。

（9）沙发类家具

沙发是现代家具的一种主要式样，是人们的必备家具，古典红木家具没有沙发的形式，是新古典红木家具增加的部分。新古典沙发家具设计仍然以古典家具的设计为基础，可以借鉴官帽椅、太师椅、圈椅等家具的设计方法，改制设计而成的沙发组合红木家具。如图4-6所示，以现代沙发家具为基本原型，采用古典的装饰题材及装饰手法，再以古典家具的构成方式进

图4-6 沙发类家具

新古典沙发家具设计以现代沙发家具为基本原型，采用古典的装饰题材及装饰手法，再以古典家具的构成方式进行设计。↑

行设计，营造出新古典红木沙发。

2.床榻类家具

床类家具是供人们休息的一类家具，有床和榻两种。由于古代人们的生活方式比较封闭，床类家具一般以架子床和跋步床的形式出现，而榻类家具一般是供人们临时休憩使用，所以榻类家具有床的形式，但比床简单。而新红木古典家具根据现代人们的生活需要，简化了床的形式，一般以架子床、普通床及榻的形式。

（1）架子床

架子床是明代非常有代表性的一种卧具，其造型通常是四角有立柱，床面的两侧和后面装有侧栏，围栏上面有各种装饰元素，床顶有盖，可以遮挡粉尘，顶盖四周装有楣板和倒挂牙子。也有的架子床为了便于在床两侧安装方形栏板（门围子），就在床的正面多加两根立柱，正中无围处则是上床的门户。还有一些架子床雕刻精致，在中间留出椭圆形的月洞门，

圆形架子床保留明清架子床的基本形式功能，将架子床设计成圆形，既保留古典家具的样式，又符合现代人对红木家具的新要求。➡

图4-7　圆形架子床

非常美观。如图4-7所示，保留原有架子床的基本形式，将架子床设计成圆形，既保留古典家具的样式，又符合现代人对红木家具的新要求。

（2）跋步床

跋步床，俗称"八步床"，比架子床要庞大，是体型最大的一种床。跋步床是产生于明代晚期，大致可以分成两类：一类是廊柱式跋步床，这是跋步床早期的形态，另一类是围廊式跋步床，这是典型的跋步床。跋步床的体积一般比较庞大，结构复杂，其独特之处是在架子床外增加了一间"小木屋"，从外形看好像是把架子床安放在一个木制平台上，平台长出床的前沿二、三尺，平台四角立柱镶以木制围栏，还有的在两边安上窗户，使床前形成一个小廊子，廊子两侧放些桌凳小家具，用以放置小桌、机凳、衣箱、马桶、灯盏等物。跋步床虽在室内使用，却很像一幢独立的小屋子，成为房中房、室中室。跋步床由于家具形式比较复杂，同时与现代人的生活习惯差异较大，同时耗材量也比较大，故这类家具一般只有仿制的红木家具，没有太多的改变。

（3）榻类家具

榻是床类家具和椅类家具的交叉类型，同时兼具坐和卧的功能，因其左右和后面有围子，故又称罗汉床。榻类家具一般放于客厅、书房使用，可以用来接待客人，也可以用来临时休息，使用方式比较多样，颇受现代人喜欢。如图4-8，罗汉床的大体形式没有任何改变，但家具的装饰手法和题材重新组织，罗汉床靠背设计的线面感更加强烈，更具有视觉冲击力。

（4）现代床

由于现代的生活形式与古代有很大的区别，新古典红木家

榻是床类家具和椅类家具的交叉类型，兼具坐和卧的功能，又称罗汉床。现代罗汉床的大体形式没有任何改变，但家具的的装饰手法和题材重新组织，罗汉床靠背设计的线面感更加强烈，更具有视觉冲击力。

图4-8 罗汉床

图4-9 床

新古典红木家具基本采用现代实木床类家具的形式，床架的构成形式，以及床前屏、后屏，床的侧面均采用古典家具的装饰手法，既有现代家具形式，又有古典家具的韵味。↑

具设计出一些新的床类家具式样，以满足现代人对新古典红木家具的需求。现代红木床以开放生活形式为基础型，采用古典家具的构成方式以及装饰手法，设计成具有现代家具式样，古典家具视觉效果的家具。如图4-9所示，基本采用现代床类家具的形式，床架的构成形式，以及床前屏、后屏，床的侧面均采用古典家具的装饰手法，既有现代家具形式，又有古典家具的韵味。

3.桌、几、案类家具

在红木家具中，桌类家具的式样比较丰富，类型繁多，可以根据不同的使用要求进行配置，主要有方桌、圆桌、半圆桌、长方桌、炕桌等。无论哪一种类的桌子，桌类家具大体呈现有束腰和无束腰两种形式。有束腰桌子是桌面与腿部之间有缩进一些的做法，犹如腰带的形式。无束腰桌类家具是桌面与腿部直接连接，以牙板和牙子的形式固定。

现代家具较古典家具有一些形式的变体形式，此圆桌采用六边形底座支撑，以圆形框架嵌板的形式构成桌面。

图4-10　圆桌

（1）方桌

方桌是指桌面呈正方形，也称八仙桌，大的称为大八仙桌，可供八人使用，小的称小八仙桌，可供四人使用。方桌一般供人们起居生活使用，新古典红木家具的方桌用途逐渐扩张，在原有的基本形式上也添加很多不同的功能，如改制成餐桌、茶桌等多种不同额新形式。

（2）圆桌

圆桌是的形式比较舒缓，活动性比较强。圆桌分有束腰和无束腰两种。有束腰的，有五足、六足、八足者不等。新古典圆桌家具的功能和形式比较广泛，吸收现代家具的设计形式，较古典家具有一些形式的变体形式，如图4-10所示，圆桌采用六边形底座支撑，以圆形框架嵌板的形式构成桌面。

（3）半圆桌

半圆桌也称月牙桌，形式如未满月的月形，因此而得名。半圆桌是一个圆面分开做，使用时可分可合。靠直径两端的腿

此桌基本保留原有长方桌的形式，但以高束腰的形式支撑桌面，既可用于书桌的用途，也可用于餐桌使用。➡

图4-11　长方桌

做成半腿，把两个半圆桌合在一起，两桌的腿靠严，实际是一条整腿的规格。在圆桌、半圆桌的基础上，又衍化出六、八角者。使用及做法大体相同，属于同一类别。

（4）长方桌、条桌

长方桌的形式和方桌一样，只不过长方桌的长度一般比宽度大一倍以上。长度超过宽度两倍以上的一般都称为条桌。分为有束腰和无束腰两种。条案都无束腰，分平头和翘头两种，平头案有宽有窄，长度不超过宽度两倍的，人们常把它称为"油桌"，一般形体不大，实际上是一种案形结体的桌子。较大的平头案有超过两米的，一般用于写字或作画，称为画案。条案，则专指长度超过宽度两倍以上的案子。如图4-11所示，基本保留原有长方桌的形式，但以高束腰的形式支撑桌面，既可用于书桌的用途，也可用于餐桌使用。

（5）炕桌

炕桌是在床榻上使用的一种矮形家具。它的结构特点与大形桌案相似，而造型却比大型桌案富于变化。如：鼓腿彭牙桌，三弯腿炕桌等。鼓腿彭牙做法，是桌腿自拱肩处彭出后向下延伸然后又向内收，尽端削出马蹄。牙板因随腿的张出也向外彭出，因而又写作"弧腿蓬牙"。三弯腿炕桌的上部与鼓腿彭牙桌上部完全相同，唯有腿足自拱肩处向外张出后又向里弯曲，快到尽头时，又向外来个急转弯，形成外翻马蹄。新古典炕桌的形式基本保持不变，但家具的设计形式吸收了一些现代家具的设计手法，改制成现代矮型茶几家具，比较符合现代人的生活习惯。

（6）棋牌桌

方桌中还有专用的棋牌桌，多为两层面，个别还有三层者。套面之下，正中做一方形槽斗，四周装抽屉，里面存放各种棋具，纸牌等。方槽上有活动盖，两面各画围棋，象棋两种棋盘。棋桌相对的两边靠左侧桌边，各作出一个直径10厘米，深10厘米的圆洞，是放围棋用的。上有小盖。不弈棋时可以盖好上层套面，或打牌，或作别的游戏。新古典的棋牌桌不只针对围棋或麻将的形式而开发，正对现代人的形式进行新的构思和设计，如图4-12所示，是一款象棋棋牌桌，桌子的功能借用原有棋牌的功能形式，但家具的使用方式和家具的高度做了改变，以适应现代人的使用要求。

桌子的功能借用原有棋牌的功能形式，但家具的使用方式和家具的高度做了改变，以适应现代人的使用要求。➡

图4-12　象棋桌

（7）琴桌

琴桌是古代专门用于弹琴使用的一类家具，尤其讲究以石为面，如：玛瑙石、南阳石、永石等，也有采用厚木板做面的。还有的在桌面下做出能与琴音产生共鸣的音箱。其做法是以薄板为面，下装桌里，桌里的木板要与桌面板隔出3～4cm的空隙，桌里镂出钱纹两个，是为音箱的透孔。新古典的琴桌已经脱离了原有的功能形式，顺应现代的使用习惯，改制成靠墙的陈列家具。

（8）案类家具

古典案类家具的种类和形式比较多样，有平头案、翘头案、画案、书案等，功能形式类似于现代的书桌功能。新古典的案类家具设计形式没有做太多的改变，大致类型有平头案和翘头案两种，但家具的功能已经改变成陈列使用，如图4-13所示，是一款翘头案，用于靠墙放置，主要用于做陈列使用。

新古典的案类家具设计形式没有做太多的改变，大致类型有平头案和翘头案两种，但家具的功能已经改变成陈列使用。➔

图4-13　翘头案

新古典书桌吸收现代家具的功能形式，如储存功能等，符合现代对红木办公家具的需求。体现出体量大，结构复杂，豪华、气派的设计感觉。➡

图4-14　书桌

（9）书桌

书桌，或称办公台。在古典家具中，书桌的形式比较简单，一般供文人墨客使用，一般采用长方桌的形式。由于现代的办公习惯，新古典家具的书桌变成一款重要的家具，体现办公人员的身份和地位。新古典的书桌设计形式比较多样，形式比较自由，可以吸收皇帝使用的书桌形式，吸收案类家具的形式，吸收桌类家具的形式。同时，书桌还吸收现代家具的功能形式，如储存功能等，符合现代对红木办公家具的需求。总之，新古典书桌主要设计意图是体量大，结构复杂，豪华、气派的设计感觉，如图4-14。

（10）几类家具

几类家具属于室内辅助家具，用于摆设花盆、香炉、装饰品，其形制比较自由，不受约束过多，有三足、四足、五足、六足等。几类家具主要有香几和花几两种。香几是用于陈列香炉使用，也可用于摆放古董等名贵物品，一般成对出现。香几的形制以束腰作法居多，腿足较高，多为三弯式，自束腰下开始向外彭出，拱肩最大处较几面外沿还要大出许多。足下带托泥。整体外观呈花瓶式。高度约在90～100cm之间。几类家具在新古典的设计风格中没有过多的设计改变，基本沿用原有的设计形式，同时也作为现代陈列家具使用，用于家庭摆设使用。

（11）茶桌

茶桌家具是顺应现代饮茶文化而出现的一类新家具式样，是古典家具所没有的形式，简称茶台。茶桌的设计没有古典家具的原型，一般采用借用的设计手法，以现代茶台的功能形式为基础，采用古典家具的构成形式进行营造，设计而成的新家具样式，如图4-15。

4.橱柜类家具

柜类家具是提供人们收纳衣物或器具而使用的家具，种类比较多样，有竖柜、圆角柜、方柜、面条柜、亮格柜等。

（1）竖柜

竖柜也称顶竖柜，是由两个柜体叠放组合而成的，两柜体之间以子口吻合而成。这种柜因有时并排陈设，为避免两柜

> 茶桌的设计没有古典家具的原型，一般采用借用的设计手法，以现代茶台的功能形式为基础，采用古典家具的构成形式进行营造，设计而成新家具样式。⤵

图4-15 茶桌

之间出现缝隙，因而做成方正平直的框架。竖柜的使用性比较强，两柜体分别具有不同的收纳功能，同时可以分开使用，也可以组合使用。顶竖柜上下两柜体通常采用相同的做法和表面装饰手法。新古典的竖柜保留原有的家具形式，外观上也没有做太多的改变，但家具的内部功能完全采用现代家具的设计手法，增加竖柜的现代使用功能，如挂衣辊，内部抽屉等，如图4-16。

（2）圆角柜

圆角柜的主要特点是柜体四脚及边框均采用圆形木材制作

新古典的竖柜保留原有的家具形式，外观上也没有做太多的改变，但家具的内部功能完全采用现代家具的设计手法，增加竖柜的现代使用功能，如挂衣辊，内部抽屉等。➤

图4-16 竖柜

而成，侧脚收分明显，两对开门，板心通常镶嵌纹理美观的硬木板，两门中间有活动立栓，配置条形面叶。这类柜子两门与柜框之间不用合页，而采用门轴的做法。新古典的圆角柜外观形式也没有做太多改变，主要是内部功能吸收现代家具的设计元素，以满足现代人的使用习惯。

（3）亮格柜

亮格柜是柜与架类家具组合而成的边缘类型，是集柜、橱、格三种形式于一器的家具。下层对开两门，内装堂板分为上下两层。柜门之上平设抽屉两至三枚。再上为一层或二层空格，正面和两侧装一道矮栏，下部存放杂物，上部陈放古董，活跃柜体的气氛，如图4-17。

亮格柜是柜与架类家具组合而成的边缘类型，是集柜、橱、格三种形式于一器的家具。下部存放杂物，上部陈放古董，活跃柜体的气氛。

图4-17　亮格柜

（4）梳妆柜

梳妆台是现代的一种叫法，古典家具中称为镜台，是专门供女性梳妆使用。台座两开门，中设抽屉数枚，面上四面装围栏，前方留出豁口，座上安五扇小屏风。中扇最高，两侧渐低，并依次向前兜转。屏风上搭脑均高挑出头，绦环板雕刻各式花纹。正中摆放镜子，小屏风也可以随时拆下放倒，如图4-18。

屏风上搭脑均高挑出头，绦环板雕刻各式花纹。正中摆放镜子，小屏风也可以随时拆下放倒，形式巧妙。◉

图4-18 梳妆柜

（5）箱类

箱类中还有一种称为"官皮箱"的，也是一种外出使用的存贮用具。其形体较小，打开箱盖，内有活屉，正面对开两门，门内设抽屉数枚，柜门上沿有仔口，关上柜门，盖好箱盖，即可将四面板墙全部固定起来，两侧有提环，正面有锁匙。

（6）装饰矮柜

装饰矮柜来源于古典家具中的箱橱类家具，但家具的具体形式发生变化。在古典家具中没有独立的装饰矮柜家具式样。随着现代生活形式的变化，新古典红木家具产生矮柜新的家具形式。矮柜是一种辅助型的家具式样，外观设计参照古典家具的橱柜构成形式，而内部功能则参照现代矮柜家具的设计手法，如图4-19。

矮柜是一种辅助型的家具式样，外观设计参照古典家具的橱柜构成形式，而内部功能则参照现代矮柜家具的设计手法。➡

图4-19　五斗装饰矮柜

（7）电视柜

电视柜是现代家具的一种叫法，也是现代家具的新式样，是应现代使用习惯而出现的家具，古典家具没有电视柜的家具种类。新古典红木电视柜的设计采用合成的设计手法，将现代家具的使用功能结合古典家具设计的构成手法进行营造，如图4-20，家具既满足现代人的使用习惯，同时在造型和装饰方面都能与其他家具融合在一起。

5.台架类家具

格架类家具一般用于陈设或摆放物品使用，如摆放古董的博古架，摆放书籍的书架。格架类家具的大小和形式比较自由，不受过多的限制。

（1）书架

书格，即存放书籍的架格，正面大多不装门，只在每层屉板的两端和后沿装上较矮的栏板，目的是把书挡齐。书格正面中间有时装两个抽屉，目的是为加强整体柜架的牢固性，同时也增加了使用功能。在新古典家具中，书架的形式发生的拓展，可以带柜门，也可以不带柜门，将原来只有搁架的形式发

新古典红木电视柜的设计采用合成的设计手法，将现代家具的使用功能结合古典家具设计的构成手法进行营造，满足现代人的使用习惯。

图4-20　电视柜

在新古典家具中，书架将原来只有搁架的形式发展到带有柜类的形式，类似于现代书柜的家具，不但具有摆设功能，同时还兼具收纳的功能。➡

图4-21　书柜

展到带有柜类的形式，类似于现代书柜的家具，不但具有摆设功能，同时还兼具收纳的功能，如图4-21。

（2）博古架

博古架也称多宝格、百古架等，是专为陈设古玩器物的。它是进入清代才兴起，并十分流行的家具品种。多宝格的独特之处在于，它将格内做出横竖不等、高低不齐、错落参差的一个个空间。人们可以根据每格的面积大小和高度，摆放大小不同的陈设品。在视觉效果上，它打破了横竖连贯等极富规律性的格调，因而开辟出新奇的意境来。多宝格兴盛于清代，与当时的扶手椅一起，被公认为是最富有清式风格的家具之一。新

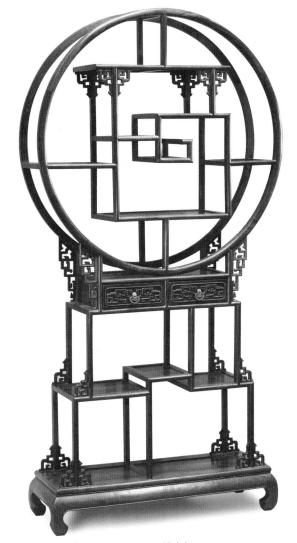

多宝格兴盛于清代，与当时的
扶手椅一起，被公认为是最富
有清式风格的家具之一。新古
典的博古架家具基本没有过多
的改变，利用原有家具的构成
形式进行重新设计。➡

图4-22 博古架

古典的博古架家具基本没有过多的改变，利用原有家具的构
成形式进行重新设计，因此外观上看基本没什么变化，如图
4-22。

（3）衣架

衣架，即用于悬挂衣服的架子，一般设在玄关或寝室内，常运用于临时勾挂衣物使用，因此一般形成架子的形式。新古典红木家具中，衣架的功能有所拓展，将现代鞋柜的功能引入进去，形成既有钩挂衣物，又有收纳鞋子的功能，如图4-23所示。

新古典红木衣架的功能有所拓展，将现代鞋柜的功能引入进去，形成既有钩挂衣物，又有收纳鞋子的功能。●→

图4-23　衣架

（4）盆架

盆架分高、低两种，高面盆架是在盆架靠后的两根立柱通过盆沿向上加高，上装横梁及中牌子。可以在上面搭面巾。另一种是不带巾架，几根立柱不高过盆沿。这类家具由于现代使用的比较少，新古典红木家具也很少涉及和生产盆架家具，只有高仿的形式。

（5）灯台和灯架

灯台属坐灯类，常见为插屏式，较窄较高，上横框有孔，有立杆穿其间，立杆底部与一活动横木相连，可以上下活动。立杆顶端有木盘，用以座灯。灯台和灯架极具有装饰韵味，也颇受现代人的喜爱，新古典的红木家具借鉴灯台和灯架家具的形式，以富有装饰韵味的手法进行设计，主要是作为装饰类家具使用。

6.屏风类家具

屏风历史比较悠久，可追溯到汉代。直至明清时期，屏风成了人们生活必不可少的家具用品，起到阻隔或遮挡作用。屏风种类大致有：座屏、插屏、曲屏和挂屏等。

（1）座屏

座屏也叫插屏，是将屏扇插在屏座之上，是陈设欣赏品，要求做工精美，有独扇和多扇之分。独扇座屏的屏扇呈长方形，陈设在室内主要座位之后，或摆放在室内进门处。多扇座屏的屏扇多为单数，有三扇、五扇、七扇和九扇之分。七扇座屏和九扇座屏的屏顶有扇帽，底座呈八字形须弥座式，给人庄严肃穆之感。新古典红木家具中，座屏的外观形式基本没有改变，只是装饰的手法和装饰纹样发生改变。

（2）曲屏

曲屏又叫围屏、折屏，是一种能够折叠、落地摆放的多扇屏风。曲屏采用攒框做法，用较轻质的木材做成屏框和屏风，

图4-24 曲屏

曲屏采用攒框做法，用较轻质的木材做成屏框和屏风，便于摆放和折叠收藏。屏心也多用纸绢、丝绢等材料做成，便于书法和绘画。

便于摆放和折叠收藏。屏心也多用纸绢、丝绢等材料做成，便于书法和绘画。曲屏没有屏座，屏扇有二扇、四扇、六扇、八扇、十二扇等，可随时拆开，扇与扇之间用金属销钩连接起来。曲屏的用途比较广泛，使用简便，颇受现代人的喜欢。新古典曲屏家具没有改变设计手法，基本沿用古典家具的形式进行设计。如图4-24所示，以雕刻装饰为主，构成八扇折叠屏风。

（3）挂屏

挂屏是明代后期出现的一种悬挂在墙上、用于装饰的屏风。挂屏的装饰技法非常丰富，有百宝嵌、嵌瓷、各种雕刻装饰、铁线画玻、璃油画等。挂屏有单屏、双屏（两扇一组）、四扇屏（四扇一组）、八扇屏（八扇一组）等，一般成对或成组使用，悬挂在中堂。挂屏的装饰性很强，新古典红木家具中挂屏也是一类很受欢迎的家具，但挂屏的性是发生改变。挂屏的外框基本沿用古典家具的形式，但装饰面板部分一般与现代书画形式相结合。

二、新古典红木家具装饰手法

古典红木所展现给世人的最大感受就是材美与工巧。材美是指他的材料，红木具有优良的木材属性，同时具有很高的使用价值，而且比较稀缺和珍贵，备受世人喜爱。工巧，除了体现制作技艺以外，还体现在装饰手法的多样性和精湛性。红木家具的装饰手法主要体现在两个方面：结构性装饰和装饰性装饰手法。新古典红木家具在装饰手法不局限于古典红木家具具体形式，在继承传统红木优秀设计方法的基础上，重新构思和设计，既保留古典红木家具的视觉效果，又在具体的形式上有所突破。

1.结构性装饰

结构性装饰主要体现在装饰的部位上，是将红木家具主体结构部件与装饰相结合，在不影响家具稳固的情况下，以适当的装饰手法赋予家具结构件，既增加家具的稳固性，又能使家具具有更好的审美和观赏效果，不至于呆板化。

（1）家具端部

家具的端部一般是由横材和立柱搭架而成，相当于木材的端部。家具构件的端部容易因材料截断面外露而吸收空气中的水分，造成木材膨胀，破坏家具的牢固性。为弥补这个工艺缺陷，增强家具端部视觉效果，通常在端部附加一个装饰性较好的雕刻部件，封闭端面的外露部分，同时也使家具端部具有装饰效果，使家具更加美观、精致，如图4-25。

图4-25　龙头雕刻家具端部

（2）腿足装饰

腿足是家具重要的部件，尺度比较大，数量也比较多。如若不加一装饰处理，家具的腿足就会显得单调呆板，从而破坏家具整体效果。通常在不同的家具上做不同的腿足形式，腿足也采用分段装饰。主要的装饰有两个方面：腿足形式及腿足

图4-26　家具腿部

上的装饰。红木腿足形式一般采用直腿、外翻马蹄腿、内翻马蹄腿等，同时在腿足还经常起线脚，以凹凸线槽增加腿足的形式感。而腿足上的装饰则采用分段形式来做，可以分为三个部分：腿足底部、腿足中部、腿足端部。不同部分装饰目的不同，腿足上部的装饰要与上部家具相互协调，中部装饰要呼应腿足上下部装饰，起过渡作用，下部装饰起到收尾的作用，如图4-26。

（3）牙子装饰

牙子主要是增加横材和竖材之间的连接强度，使横竖材连接更加牢固，避免家具因使用时间增长后而出现松动、摇晃缺陷而设置的家具部件。通常采用雕刻手法，增加牙子的观赏效果，使得整体家具更精致美观。牙子在红木家具中的应用非常广泛，在不同的使用情况下也有各种不同的叫法，主要有站牙、挂牙、角牙三种。

①站牙

站牙，顾名思义就是站着的牙子，一般位于家具的底部，是竖材和横材之间的牙子，形如正立的直角三角形。站牙通常优美的曲线外形和丰富多样的装饰工艺，增强家具的结构稳定，以及家具的稳重感。

图4-27　云纹挂牙

图4-28　木雕角牙

②挂牙

挂牙是与站牙相互呼应而成，是指挂着的牙子，一般位于家具的顶部，是竖材和横材之间的加强牙子，形如倒立的直角三角形。挂牙通常采用精细的雕刻艺术，以各种图案进行装饰，增加家具的通透感。如图4-27类家具面板以下，腿足外侧设置云纹挂牙构件，增强家具的结构强度。

③角牙

角牙是介于挂牙和站牙之间的一种，一般位于家具的中部或内部，起到加强家具稳固性的结构部件，起形式比较自由，通常做成形如直角等腰三角形的形式，可以采用雕刻部件，也可以采用小木攒边手法做成。如图4-28所示，采用雕刻的装饰手法，以如意题材做成木雕角牙装饰于家具的加强构件上。

图4-29　木雕牙板

（4）牙条牙板

牙条和牙板起到的作用与牙子是一样，也可以理解成大的牙子，增强家具的稳固作用，但对于一些尺度或跨度比较大的家具而言，牙子所起到的作用就比较有限，需要一些稳固性更好，尺度更大的牙条或牙板。牙条是指连接跨度较大的两家具部件，增强家具稳固的作用，而采用长条状的家具部件，如桌子或椅子两腿之间连接的板状或条状装饰件。如图4-29，牙条或牙板一般采用小木攒边的手法制作而成，减少家具的笨重感，增加家具的轻盈性。

（5）结子装饰

结子装饰又称卡子花，主要是针对于跨度较大的两平行部件，用木块连接以加强家具局部的稳定性，而后常用雕刻或小木攒边手法做成，具有较好的装饰效果，如桌子面板下方与横撑之间常有一定间距，且跨度较大，用结子连接，起到加固作用。如图4-30所示，在家具靠背部分的空隙装饰以结子，增强家具的稳固性。

图4-30 木雕结子

图4-31 小木攒边圈口

（6）券口、圈口

对于某些框形或口形的家具镂空区域，牙子、牙板、结子等形式所起到的加固作用显得比较单薄，需要其他形式的加固方式。券口和圈口就是应这样的使用目的而设置的，如坐椅家具在面板下方、两腿之间、踏撑以上，通常会有较大的口形镂空，为了使家具的稳定较好，在这个镂空的四周通常设置加强构件。如果加强构件只做三边则称为券口，如果加强构件做四边，则称为圈口。券口一般用于椅类家具下部或靠背，而圈口通常用于桌类和柜类家具。如图4-31所示，椅子家具座面下方采用小木攒边形式做成的圈口，增强家具的稳固性。

图4-32　冰盘沿

（7）线脚装饰

线脚装饰是指家具部件截断面边缘线形，经或方、或圆的变化后，使家具部件的面上或凹、或凸的视觉效果。线脚的应用也很广泛，但主要用于家具的腿足和支撑面端部装饰为主，也有的线脚用于圈口或券口的装饰。线脚的一近一出、一鼓一洼、一松一紧、一宽一窄均能体现家具的精致或简陋，简练或复杂，成了红木家具不可或缺的设计语言。线脚主要有两种形式：打洼和冰盘沿。

①打洼

打洼主要是针对家具腿部和横撑构件使用，一般向内挖成凹槽，通常有单打洼、双打洼等，能够形成强烈的线形装饰效果。

②冰盘沿

冰盘沿主要是针对家具支撑面板侧面形式，由于看起来像盘子边缘形式，故得名。冰盘沿可以应用与桌类家具的桌面，也可以应用于椅类家具的座面，形式非常丰富，形成各种不同的装饰艺术效果。如图4-32所示，家具面板采用冰盘沿手法装饰，桌面线型有松紧的节奏变化，面板显得比较大方、厚重。

图4-33　白铜件装饰

（8）铜件装饰

铜件装饰对红木家具起到点缀的作用，根据不同的使用要求，铜件装饰有合叶、面叶、拉手、吊牌、包角等。通过对铜件的造型设计及铜件的金属加工，如图4-33，家具腿部采用包角装饰，柜体边部采用外露白铜合页，门板上采用面叶，这些金属构件既是家具的结构部件，同时通过铜件的造型，起到很好的装饰效果，为红木家具增添几分色彩。

2.装饰性装饰

装饰性装饰是纯粹用来美化家具，提高家具的审美效果。装饰性装饰主要追求装饰的艺术效果，使家具在视觉上更精致更美观，同时也显得比较贵气。新古典红木家具的装饰性装饰手法沿用古典家具艺术形式，在装饰布局、装饰题材上采用新的形式进行组织，主要体现在雕刻和镶嵌艺术上。

（1）雕刻

雕刻艺术在红木家具中的应用最为普遍、最广泛，技艺精湛，类型多样，其类型有线雕、阴阳雕、浮雕、镂雕、透雕、立体雕等。新古典红木家具雕刻艺术采用机器雕刻与人工雕刻相互结合，既可以大批量复杂的雕刻，也可以进行复杂精细雕刻。

①线雕

形如在家具表面以线描的方式将图案雕刻在家具表面上，线条均匀流畅，犹如工笔白描的装饰效果。线雕一般有阳雕和阴刻两种。阳雕是将图案以线的方式保留，而将背景部分挖去的一种手法。阴刻则刚好相反，把图案部分以线的部分挖去，留下背景部分。如图4-34所示，床屏板上以线雕的手法装饰各种动物、植物图案。

4-34　床屏雕刻

②浮雕

浮雕也是红木家具常采用的一种装饰手法，最主要的特点就是图案的凹凸效果比较强烈，凹凸幅度比线雕大，给人以较强烈的立体视觉效果，如图4-35，家具嵌板部分采用浮雕卷草纹图案的形式进行装饰，使家具的空间立体感更加强烈。

③透雕

透雕顾名思义就是采用雕刻的手法雕透家具部件两侧，形成双面观赏的装饰效果，透雕给人以晶莹剔透的视觉观赏效果，提高家具的通透性，如图4-36，椅子靠背部分采用透雕双龙戏珠的图案装饰，不但是家具具有丰富的视觉效果，还减弱家具的笨重感，给人以轻盈的视觉效果。

4-35 浮雕

4-36 椅子靠背透雕

④镂雕

镂雕和透雕经常被人们混淆，镂雕最主要的特点就是雕刻装饰面立体效果比较强烈，形成多层的雕刻效果，有两层、三层、四层等，最多可以做到十八层镂雕。镂雕可以是雕透也可以不雕透，雕刻层之间可以固定连接，也可以独立活动。

⑤圆雕

圆雕也称立体雕刻，是在某些家具零部件上，采用立体雕刻的方式进行装饰，最大的特点就是可以在空间中进行立体观察，不受观察角度的影响，一般用于红木家具的腿足、靠背、立柱等，如图4-37，椅子的扶手采用圆雕的形式装饰，龙就显得栩栩如生，姿态优美。

（2）镶嵌

镶嵌装饰手法就是将各种名贵或装饰效果较好的材料嵌入家具零部件上，形成装饰效果的一种手法。镶嵌装饰是红木家具常采用的一种装饰手法，镶嵌材料繁多，通常有木材、玉石、动物骨骼、象牙、珐琅、螺钿、大理石、陶瓷等。

图4-37　椅子扶手圆雕

①木材镶嵌

木材镶嵌是一种常用的手法，一般将不同树种的木材嵌入到家具零部件上，形成色泽的深浅对比，木材纹理对比的装饰效果。木材镶嵌采用较多的是影木镶嵌，影木是木材结瘤部分，经剖切家具形成各种无序的机理效果，广泛应用于家具上，包括现代家具，欧式古典家具也经常采用这种手法进行装饰。如图4-38，博古架的采用红木材料制作，而中心部分镶嵌金丝楠木和紫檀木材进行装饰，凸显材质的对比装饰效果。

②骨骼镶嵌

骨嵌一般采用动物骨骼经切削、打磨等工艺，做成一定形状的装饰部件，再拼接镶嵌于家具部件上，形成各种装饰图案。骨嵌采用比较多的有犀牛骨，牛骨，鱼骨等材料。由于骨骼具有细腻的天然机理效果，与木材形成鲜明的对比，起到较好的装饰效果。

③螺钿镶嵌

螺钿嵌装饰是比较古老、经典的装饰手法，一般指采用贝

图4-38　木材镶嵌

壳内侧具有光泽度的表层进行装饰，在光影作用下会泛出各种色彩效果。螺钿镶嵌是将贝壳进行煅烧，剥离内部具有色彩鲜艳、光泽度好的内层，再进行切割、打磨等处理以后，以拼贴的方式组成各种装饰图案，镶嵌于家具表面。螺钿镶嵌工艺非常细腻，扬州的螺钿嵌工艺最为出名，镶嵌效果最为理想。

④象牙镶嵌

象牙是一种名贵的材料，各种牙雕一般采用象牙材料。象牙镶嵌采用象牙经切削、打磨、雕刻等工艺，做成一定形状的装饰部件，再镶嵌于家具部件上，可以形成各种装饰图案，也可以采用雕刻以后进行镶嵌。

⑤陶瓷镶嵌

陶瓷工艺在我国发展历史悠久，技术娴熟，唐三彩、青花瓷闻名于世。陶瓷镶嵌采用陶瓷工艺，做成一定形状的陶瓷装饰部件，再镶嵌于家具部件上，形成各种装饰。陶瓷镶嵌一般用于家具靠背部分，屏风的装饰面板，柜类家具的面板等。

⑥珐琅镶嵌

珐琅的本质是一种玻璃制品，将各种颜色的珐琅材料绘制在金属胎底上，再经高温烧制成一定形状和装饰效果部件，再镶嵌于家具部件上，形成各种装饰。

⑦玉石镶嵌

玉石镶嵌采用玉石（一般是和田仔玉）经切削、打磨、雕刻等工艺，做成一定形状的装饰部件，再拼接镶嵌于家具部件上，可以形成各种装饰图案，也可以采用雕刻以后进行镶嵌。

⑧大理石镶嵌

云南出产的具有精美纹理的大理石，纹理类似云雾，故又有云纹石别称，经切割、打磨或雕刻等工艺，制作而成具有较好装饰效果的部件，镶嵌于家具上。一般用于屏风、桌面、椅面、坐椅靠背等。如图4-39，椅子靠背采用大理石镶嵌装饰，

图4-39 大理石镶嵌

石材优美的纹理与木材机理形成鲜明的对比。

三、装饰图案

装饰图案是中华民族审美取向的影像，反映人们对自然、社会、人文等方面理解和认识，反映人们的审美观念和对生活的美好向往。新古典红木家具所应用的图案类型丰富，大体沿用传统的装饰的类型，但图案的应用量上有所减少，追求简练精美，图案间的组合搭配立足原意基础上重新组合，同时，增加一些现代新形式装饰图案。新古典红木家具应用较多的是人们所熟悉的，比较经典的装饰图案，大致有：吉祥神兽、动物类、植物类、人物类、器物类以及神话传说等。

1.吉祥神兽

吉祥神兽是人们在长期的生活实践中，根据自然中的某些物象为基础，进行想象和虚构出来的一些神物，成为崇拜和保护者的象征，是人民智慧的结晶，具有鲜明的中国民族艺术特色，成为一种美好的象征，幸福的向往，精神的寄托。红木家具中的吉祥神兽大致有：龙、凤、麒麟。吉祥神兽的寓意内涵

图4-40 龙纹雕刻　　　　　图4-41 龙纹圆雕

为人们广泛认识，成为人们敬仰的形象。新古典红木家具以传统神兽形象为基础，突破传统吉祥神兽纹样刻板的装饰束缚，采用现代的构图方式和布局形式重新进行组织，运用于家具上。如图4-40所示，椅子靠背采用雕刻的手法装饰双龙，龙纹线条流畅，造型精炼，无论是龙头的形象还是龙身的扭曲方式，都突破传统刻板的常规。如图4-41所示，沙发椅的扶手以立体雕刻的手法雕刻龙的图案，重点刻画龙头的表现形式，将每一细节表达清晰、详细，整体雕刻造型形象逼真，给椅子带来几分霸气。

2.动物类

在传统文化中，人们将生活周边的某些动物经变化、提炼后以图案的方式进行表达，以语意或动物习性等方式来表达人们对生活的向往和追求。如民间流传的五福：福、禄、寿、喜、财，通常以蝙蝠、鹿、喜鹊、绶带鸟等形象进行寓意。如

图4-42 蝙蝠纹雕刻

图4-43 大象纹雕刻

鸳鸯的习性代表夫妻的恩爱等。在新古典红木家具中，仍然沿用这些图案类型进行装饰，并搭配植物、人物、器物图案重新构造，在不同的装饰图案组合里，动物纹样表达不同的寓意含义。常用的动物图案有：狮子、大象、乌龟、鹿、羊、马、猴、猫、蟾蜍、蝙蝠、仙鹤、喜鹊、鸳鸯、燕子、鱼、鹌鹑、绶带鸟、白头翁、蝴蝶、蜘蛛等。如图4-42所示，桌子的望板部分以线雕的手法雕刻蝙蝠、寿字、如意云纹，构成一幅含有福寿双全，吉祥如意的喜庆图案。如图4-43所示，以浮雕的手法在沙发靠背顶端雕刻大象和如意图案，大象是佛教里的吉祥图案，代表万象太平、吉祥如意的含义，以此图案装饰，给予家具几分很平宁静气息。

3.植物类

与动物类图案相似，人们在与自然界接触的过程中，认识一些植物的种类，根据这些植物的作用或语意进行提炼和概括，将某些植物刻画成图案的形式，来表达人们对生活的追求和向往。如柏树、桂花、梧桐寓意为百、贵、同，再如桃寓意长寿，因为有桃养人的功效，牡丹富贵则是根据牡丹的花开饱满形态。在红木家具的装饰图安中，传统的植物纹样仍然保留其原有的寓意，但通常采用简化的形式进行组织，比如植物图案的精细程度简化，植物纹样的使用量减少，以此来刻画植物图案的形式美感。通常植物类图案很少单独出现，一般与其他类图案组成装饰纹样，如常与动物、人物、器物类一起组成装饰纹样。常用的植物类图案有松、柏、梧桐、合欢、梅花、山茶、石榴、柿子、月季、桃、玉兰、荔枝、芙蓉、竹、天竹、佛手、牡丹、莲、百合、萱草、水仙、灵芝、吉祥草、葫芦、瓜、橘、宝相花等。如图4-44所示，罗汉床的靠背部分采用雕刻和镶嵌的手法装饰以葡萄纹样，表含多子多孙的吉祥寓意，纹样的装饰量比较少，以线性延续的方式组织葡萄纹样，给人以言简意赅的装饰韵味。如图4-45所示，太师椅靠背分为三屏构成，分别以卷草山芙蓉花进行装饰，在保留原有图案类型的基础上采用简化的形式，以卷草的纹样进行组织表达。

图4-44　葡萄纹雕刻

图4-45　山芙蓉

4.人物类

在长期的社会发展过程中，人们幻想许多神话人物，祈求神仙保佑、安居乐业，作为人们的精神寄托，如福神、财神、寿星代表福财寿的寓意。人们将这些神话人物提炼，以图案的形式直接刻画于家具上，表达对神话人物的崇拜，也表达人们对生活的期待。常用的神话人物有和合二仙、麻姑献寿、牛男织女、刘海戏蟾、寿星、八仙、四大天王、财神、福神、百子等。新古典红木家具一般采用人们比较熟悉的人物纹样进行装饰，采用单独表现和群体人物组织成一幅具有丰富含义的图案形式。如图4-46所示，罗汉床靠背雕刻西王母拜寿的神话场景图案，以神话人物拜寿的喜庆场面，表达人们对太平长寿的向往。

5.器物类

在人们日常生活中，根据不同功能和用途，人们制造千姿百态的器皿，这些器皿为人们所熟悉和喜爱，特别是青铜器时代的器皿，在以后的社会发展过程中，人们将这些经典的器皿提炼成图案的形式，继续保留在人们的生活当中。器物的装饰图案一般有两种类型：一是人们虚构的具有吉祥寓意的纹样，

图4-46　神话人物雕刻

图4-47　器物雕刻

如云纹、如意纹、万字纹、博古、八吉祥等等；二是人们身边常用的器物纹样，如青铜器纹、古钱纹，元宝、等，这些纹样通常取其日常形象寓意，如元宝、钱币是财富的象征。新古典红木家具所运用的器物纹样大致保留原有的形式，按照器物的装饰寓意进行组织，构造出各种不同类型的装饰效果。如图4-47所示，椅子的靠背的装饰组织，中间雕刻宝瓶纹样，瓶子里面插有如意，下方是几何化的寿字纹样，两侧雕刻盘长纹样，形成一幅太平如意，福泽绵长的吉祥寓意。

新古典

红木家具

第五章

新古典红木家具生产工艺

新古典红木家具生产工艺，是在传统红木家具生产工艺的基础上，结合了现代化的技术手段、加工设备和改良的原材料发展而来的，它适应了现代化生产方式的需要，目前正得到广泛的应用。

一、备料

备料是红木家具生产中的第一个环节，是根据产品的设计方案、工艺要求、生产计划等来确定所需材料的种类、数量、规格尺寸等。备料阶段对于改善产品质量、提高原料利用率、控制生产成本都有重要的意义。

1. 原木锯解

原木的锯解是红木家具生产中第一道工序，广东一般称为"鐥木"或"界木"，是将木料按照设计要求，锯解成为后续加工所需要的规格板材的加工过程，锯解后的板材称为"锯材"。

原木锯解的过程既是对原木尺寸进行加工的过程，同时也是一个初步选料的过程，如图5-1所示，原木锯切后才能够看到木材的纹理、颜色、缺陷等方面的信息，厂家需要对符合要求的锯材进行挑选。根据产品的等级、设计需要对锯解后的板材进行分类利用。

图5-1　原木与锯解后的板材

　　由于红木资源日益稀少，原木几乎都来自国外，甚至从遥远的非洲远渡重洋。为了便于装卸，节省空间，降低运输成本，很多原木在采伐后会在当地进行简单的加工，尤其是边材较多的原木，需要将边部锯切一部分，因此，家具生产厂家采购到的原料一般是经过简单加工的原木方材。

　　原木锯解的过程非常重要，需要生产厂家的技术人员进行监控。锯切操作时要根据后续加工中零部件的尺寸才设定尺度，并按照木材的纹理进行，还需对锯路进行规划，达到充分利用原料的目的。

　　传统工艺中，手工对原木进行锯解的过程费时、费力、费料；现代加工中引入了使用跑车进料的原木立式带锯机，可以高效的对原木进行加工；在分工越来越细化的今天，原木锯解工序一般在专门的锯木厂加工完成。随着生产技术的进步，加工设备的性能也越来越好，目前更为精准的自动卧式带锯机也正在大量投入应用。

常用的设备

　　原木锯解常用的设备是原木立式带锯机，原木立式带锯机，如图5-2，一般配有一个装载原木的跑车，通过跑车在轨道上运动实现原木纵向锯解的进给，可以用来加工大直径的原木，它的出现大大提高了原木锯解效率。

图5-2　原木立式带锯机

　　卧式带锯机，如图5-3，能够加工的原木尺寸相对小些，但是它的加工方式，使得原木在加工过程中移动更加稳定，加上使用了厚度更薄的锯片（<0.9mm），有效提高了加工精度，降低了锯解原木时锯路所造成浪费，提高了珍贵木材的出材率。直接可锯解出2mm厚度的薄板。

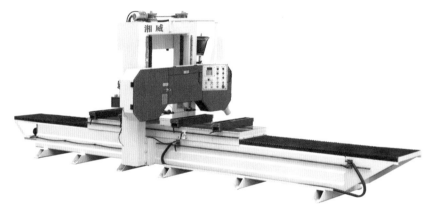

图5-3　卧式横截带锯机

2.选料

　　选料是备料工序中重要的一环，选料人员会根据产品的设计要求选择适合的材种，根据结构需要选择合理的锯解方式，根据不同部位的要求选择材料的搭配，除此之外，木材的纹理、颜色、材性等方面也是必须考虑的因素。

　　如图5-4所示，在原木锯解后就需要对锯材进行初步的分类，对于不适合作为红木家具用材的部分要单独堆放处理。适合作为家具用材的要根据木材的纹理、颜色、尺寸形状、材性等方面的特征分开进行堆放，以便进行分类利用。

图 5-4　锯解后对锯材进行分类

由于红木材料十分珍贵，制作家具时要尽可能充分加以利用，因此在开始加工前，需要根据设计要求对木料进行搭配使用。

传统的做法讲究"一木一器"，即一件家具要用同一块木料来制作，这样整个家具各个零部件的纹理、材色相似整体上浑然一体，且物理性能相当能够做到同缩同胀，提高了家具的稳定性。规模化生产中很难做到使用同一块木料来加工单件家具，基本都是将木材按照不同特性分类使用。例如，纹路平顺、无节疤的木料，一般要作为框料。纹理美观、材色相近、硬度相当的材料可以拼接面板，而纹理一般、材色参差的材料则需要用到家具背面或者隐蔽处。对于短料小料则可以结合造型艺术用作装饰部分或者用作结构件。

3.木材干燥

木材长时间放置于一定的外部环境中，其含水率会趋于一个平衡值，称为该环境的平衡含水率。当木材含水率高于环境的平衡含水率时，木材会排湿收缩，反之会吸湿膨胀，称为干缩湿胀。一棵树在活着的时候内部含有大量水分，被砍伐后，由于木材具有干缩湿胀的特性，在外界环境发生变化时，木材会吸收或者散失水分，从而导致尺寸发生改变。制作红木家具使用的硬木材料在生产加工和销售使用中的各个阶段都会受到外部环境中的温湿度变化的影响。

我国几个主要的区域性红木家具生产地都位于气候湿润的南部沿海地区，尤其是广东，年平均气温高，空气湿度大。在这种环境中生产的家具在销售到气候干燥、温差变化大的北方地区以后，容易出现松散、开裂等一系列的问题，如图5-5。随着生活水平的提高，室内环境中空调的普遍使用使得红木家具的变形问题更加严重，因此，厂家需要在生产过程中的特定阶段对木材进行干燥处理，使得木材中的含水率降低，尺寸稳定性增强，防止霉变和虫蛀，改善木材的加工性能。

木材干燥包括毛料干燥、零部件干燥、整体干燥等。毛料干燥是在开始加工前对锯解完成的毛料进行干燥的工序；干燥后的毛料在后续加工工序中由于从周围环境中吸收了水分，因此需要在加工过程中对零部件进行干燥，组装完成后进行整体的干燥，增强尺寸稳定性。

图 5-5　木材干缩湿胀导致的开裂

　　传统的木材干燥方法采用天然干燥，也叫大气干燥。干燥过程很简单，即将木料放置在自然条件下，如通风的庭院、凉棚中利用自然界的热量和空气循环带走水分，让木材自己适应环境，达到平衡含水率。但是这种方法的周期长，干燥效果差，甚至需要数年时间才能达到要求，也只有个别厂家作为辅助手段来使用了。

　　目前，绝大多数的红木家具厂家都已经使用现代干燥技术对木材进行干燥。其中应用最广泛的是蒸汽窑干燥技术，如图5-6，真空干燥技术等也得到了应用。

　　蒸汽窑干燥技术，是将需要干燥的木材堆放在干燥室或干燥窑中，向其中通入热蒸汽加热木材，使木材中的水分缓慢地释放，从而达到干燥的目的。蒸汽窑干技术十分成熟，应用已经十分普遍。

　　真空干燥技术，是将木材放置密闭干燥窑内，将窑内抽气至接近真空状态，降低水分的沸点，增加水分子的活力，使木材表面水分快速蒸发，造成木材断面上内高外低的含水率梯度，从而实行木材的快速干燥。因为内外压力差较大，干燥窑的形状一

图 5-6　数字化蒸汽干燥窑与控制室（东成家具）

般制作成圆筒形,如图5-7。这种干燥技术,较其他干燥方法大大缩短了干燥时间,在一定程度上保证了干燥质量,使得木材在不同板厚的情况下含水率达到一致。

规模大、实力强的企业都建有计算机控制的干燥窑,干燥效果好,效率高。规模小的企业可以由第三方代为干燥,例如:中山市大涌镇就专门建立了木材干燥中心,中心内建有适合热带硬木的自动化木材干燥装置,可干燥100多种热带硬木,具有每年干燥4.5万m³木材的能力。企业可将原料送往干燥中心集中干燥,提高了利用率。

干燥完成的木材就可以运往仓库备用,等待进入后续加工工序。

4.开料

中国传统家具的结构主要为框架嵌板结构,即家具的主体结构由木框架构成,需要围挡的位置,用框架内嵌板的形式来解决。红木家具的制作沿袭了这种经典结构,因此,开料的

图5-7　真空干燥窑

图5-8　开料完成的板料和框料

过程也分为开板料、开直线型框料和开曲线型框料三种，如图5-8。

（1）开板料

受到木材尺寸的限制，很多板件都需要用小料拼接而成，用来拼板的料一般较薄，厚度在2cm以下。

板料先经过砂光机进行定厚砂光；后经横截锯截断；再经过纵解锯将板边缘的树皮、边材裁掉。加工好的板料即可用来进行拼板操作。

（2）开直线型框料

开框架所需的原料，一般都为2cm以上厚度的木料。由于所开零件的类型不同，使用的设备和工序稍有区别。开料主要使用三种设备：①纵解锯，主要用于开直线型料；②带锯机，主要用于开曲线型料；③台式圆锯机，主要用于开质量较差，有缺陷的料，以最大限度的利用原料。

（3）开曲线型框料

红木家具的造型中有很多优美的曲线，除了个别零部件恰好可以使用弯曲形的原料来加工外，基本上都需要对木材进行锯切才能得到，如图5-9。在开料阶段，需要将毛料锯切到接近最终造型的形状，加工出这些形状需要事先制作模板，然后在木料上画线，沿线进行锯切加工。画线时要留下锯路和一定的加工余量。由于带锯机的锯条具有一定的宽度，弯曲料的锯口一般都是毛糙的，因此需要预留2～3mm的余量，锯切后用打磨机将多余的部分打磨掉。打磨后的锯口，表面平滑，尺寸达到标准。

画线模板

画线

带锯沿线锯切

带锯机锯切的曲线形边缘

图5-9　弯曲件开料过程

常用的设备

悬臂式横截圆锯：悬臂式圆锯机主要被用来在长度方向上截断木材，或用来修整材料的边缘。例如，拼板后参差不齐的边缘，就需要用横截锯锯齐，如图5-10。

自动进料纵解锯：自动进料纵解锯是近年来大规模使用的先进开料工具。红木材料质地坚硬，采用传统的锯机进行开料时，手工送料十分困难，锯路难以控制，自动进料纵解锯带有自动送料履带和防回弹装置，可以匀速、准确的进料，加工后的锯路平直，加工面较为光滑。如图5-11所示，安装有红外线装置的纵解锯，可以在进料之前将锯路的位置用红线扫描到木材表面，工人根据红线的位置和木材表面的情况调整进料的方位，预测锯路的走向，有效的提高了加工效率，节约了木材。

细木工带锯机：一种轻型的带锯机，在各类实木家具生产企业中都得到了广泛的应用。相对于原木锯解使用的带锯机，细木工带锯机的体型较小，加工尺寸也很小，除了可以进行直线加工外，还可进行曲线零件的锯解，适合对锯路精度要求不高的场合。图9中的锯机就是细木工带锯。

图5-10　悬臂式横截圆锯机

图5-11　开料锯加装红外线装置

5.刨削、砂光

开料后的毛料，形状尺寸距离零件的要求还有一定差距。尺寸上留有一定的加工余量，尤其是面积较大的板件可能存在一定的不平度，需对毛料进行刨削、砂光加工。刨削加工使用平刨和压刨来完成，其主要作用是将毛料表面加工平整，尺寸达到后续加工的要求。刨削加工中需要注意木材的纹理方向，必须顺纹路刨削，否则就会起毛刺。现代实木加工设备中还常用双面刨、四面刨，可以一次将平刨和压刨加工完成。

经过刨削加工的毛料表面存在一定的不平度，可直接使用砂光机砂平滑，之后就可以作为净料进入后续工序。

红木家具用材珍贵，对于开料使用的设备精度较高，毛料尺寸与设计要求相差较小的零件，则可以使用图5-12中的定厚砂光设备直接将毛料砂光到设计尺寸，节约了原材料，提高了加工效率。

常用的设备

砂光机：砂光机是红木家具生产中广泛应用的磨削设备，砂光机的磨削量容易控制，加工精度、加工效率高，使用砂光机可以对零件进行定厚砂光，还可以对零部件的尖锐边缘

图5-12 定厚宽带砂光机

图5-13 带式砂光机

进行圆滑处理。家具生产使用的砂光机有带式、盘式、辊式等多种类型，常见的有宽带砂光机、窄带砂光机、海绵砂光机、刷式砂光机、气鼓砂光机、立式砂光机、圆棍砂光机、圆盘砂光机等。这些设备适用于砂磨直边类、弯料、面板、圆棍类等。图5-13中对零件的边角进行倒圆加工，使用的就是窄带式砂光机。

二、 木工加工

木工加工主要包括开榫、钻孔、铣削、拼板等几个工序，其中最重要的是制作榫卯的工序。

1.基本榫卯结构

榫卯是木家具连接中零部件之间相互插接的结构，其中下凹的孔眼或槽被称为卯，外形凸起而插入卯中的部分被称为榫。红木材料质地坚硬致密，适合加工精致的榫卯结构，复杂精巧的榫卯结构是中国古典家具独有的特色，整个家具使用榫卯插接，不用钉，相比现代家具用钉子、连接件等辅助固定零部件，榫卯结构更浑然天成、经久稳固。明清家具中的榫卯结构达到了登峰造极的地步，不少流传于世的家具精品，虽经过了几百年岁月洗礼，依然是严丝合缝，可见其榫卯结构的精妙。

新古典红木家具基本上沿用了传统明清家具的榫卯结构，只是在榫卯的形式的选择上紧贴现代化生产的要求，选择适合机械加工的形式，对部分不常用的结构形式进行了精简，在需要灵活拆装的部分增加了少许现代连接件的接合方式（5-14）。得益于精准的加工机械，现代的榫卯尺寸更精准，配合更严密，整体更牢固。

图5-15中所示是榫卯的基本结构，生产中使用的榫卯出于结构稳定性、美观度、材料加工性能等原因要在此基础上加以变化，复杂程度要高很多。常用的接合方式主要有框架的角接合、板与板的角接合、板拼接、直材的交接、弯材的拼接、部件间的连接等。

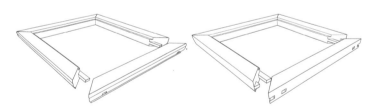

图5-14　框架的角部常用接合方式

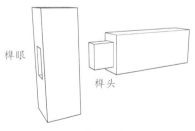

图5-15　榫卯的基础结构

（1）框架的角接合

红木家具主要采用框架嵌板结构，各种框架的结构中包括了多种角部结合的方式，常用在桌面的框架、柜体和门窗的框架上，如图5-16。

（2）板与板的角接合

板与板直接接合的方式主要应用在抽屉或者箱体上，除了传统家具上普遍使用的燕尾榫外，现代加工机械还可以加工出U形多头榫，如图5-17。

正面　　　　　　　　　　　底面

图5-16　框架打槽嵌板结构

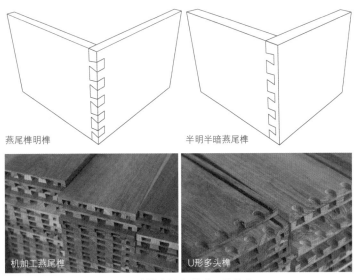

燕尾榫明榫　　　　　　　　半明半暗燕尾榫

机加工燕尾榫　　　　　　　U形多头榫

图5-17　板与板之间的燕尾榫接合

（3）板与板的拼合

由于采用框架嵌板结构，而大面积的材料难以获得，红木家具制作中不可避免的需要将小板拼接成为大板。为了防止拼板翘曲和开裂，传统拼板方式中采用了插条、插榫等多种手段，现代的拼板方式则主要是使用端铣刀在板侧面开槽后涂胶拼接，槽的横截面为两边对称，加工更高效，接合更精准，如图5-18。

（4）直材的交接

直材的交接包括腿、横枨、柱、板条等结构直接的接合。常见的接合方式有L形、T字形和十字形等几种，如图5-19。

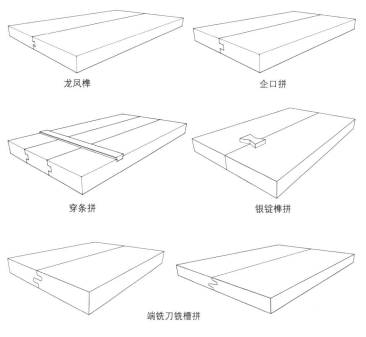

龙凤榫

企口拼

穿条拼

银锭榫拼

端铣刀铣槽拼

图5-18　几种拼板方式

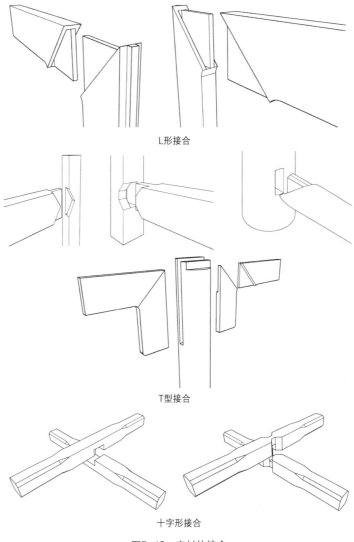

L形接合

T型接合

十字形接合

图5-19　直材的接合

（5）弯材的拼接

传统红木家具工艺对实木进行弯曲，要么直接使用弯曲的原料制作，要么就只能使用锯切的方法，大的弯曲构件一般使用短料拼接而成。如图5-20中的圈椅的圈，圆凳面的外框等。

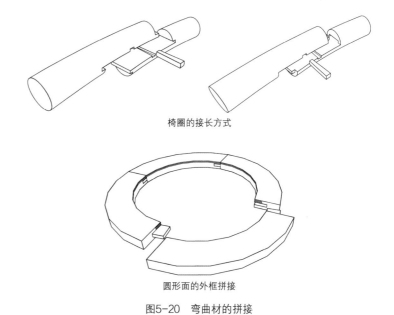

椅圈的接长方式

圆形面的外框拼接

图5-20 弯曲材的拼接

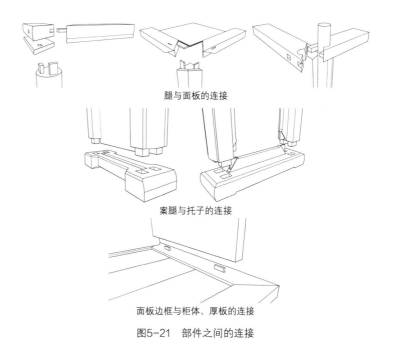

腿与面板的连接

案腿与托子的连接

面板边框与柜体、厚板的连接

图5-21 部件之间的连接

（6）部件间的连接

部件之间的连接主要是腿足与面板、托泥、束腰之间的连接、柜体箱体与面板的连接，如图5-21。

实际生产中还会应用到多种不常用的榫卯结构，常用的结构一般可以进行全机械加工，不常用的结构可以使用机械进行辅助加工，然后人工对局部进行修整。机械加工榫卯的过程就是开榫和钻孔工序。

6.开榫和钻孔

新古典家具中有很多复杂精妙的榫卯结构，如图5-22。开榫，即加工榫头。普通的直榫头可以使用直榫开榫机来加工，如图5-23，根据各零件的榫头的尺寸大小及形状调整开榫机的靠尺、锯片及刀轴之间的距离，夹紧所要开榫的零件，对各零件的榫头进行开榫加工。

燕尾榫则可以使用燕尾榫开榫机来加工。如果榫头的形状比较复杂，就需要使用特殊的铣刀来进行加工，如图5-24中腿与横枨结合处的加工，就需要使用锥形铣刀来完成。手工工具来加工，可以使用手锯将材料的端头锯切到接近设计尺寸，并使用凿子、木锉等工具加工到标准尺寸。

图5-22　复杂精妙的榫卯结构

图5-23　直榫的榫头加工

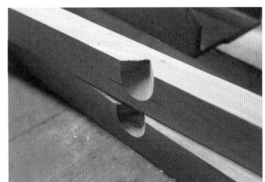

图5-24　锥形铣刀加工榫

　　钻孔，即加工榫眼。红木家具的榫眼形状多是方形，传统方法是使用凿子手工凿眼，加工精度不高，目前广泛使用的是带钻套的麻花钻。根据各零件上的榫眼大小及榫眼深度选择钻头的型号，并调整钻头对准榫眼的位置，进行钻孔操作。电钻机的钻头加工出的孔眼一般都是圆形，剩余部分则用方形钻套切削掉，形成正方形眼。钻套的切削动作由人力压杆或气压驱动，加工效率高，动作精准，榫卯配合严密。图5-25中的长方形榫眼，则需要多次钻孔完成。

图5-25　方形榫眼加工

常用的设备

木工钻床：木工钻床是用钻头在工件上加工出孔洞的设备。木工钻床有卧式和立式，单轴和多轴之分。其中，在红木家具加工中最常使用的是立式的单轴钻床。由于钻头工作时是旋转切削，所以钻孔的形状一般都是圆孔，方形钻孔需要附加钻套进行切削。

直榫开榫机：一次性加工直榫榫头的设备。直榫的结构比较规则，使用最为普遍，直榫开榫机是将榫头加工过程中的锯截、铣削等操作集中到一台设备上，可以一次完成榫头的加工，提高了工作效率。直榫开榫机有单头、双头之分，可用来加工单榫和双榫。

燕尾榫开榫机：燕尾榫开榫机和直榫开榫机的功能结构相似，主要用来加工燕尾榫。只是在加工过程中进行到铣削这一步时使用燕尾形铣刀（纵截面为梯形）来加工，两块板料工件互相垂直地夹紧在工作台上。工作台沿靠模作"U"字形轨迹的运动，或者工作台固定，刀轴作"U"字形轨迹运动，同时加工出阴阳燕尾榫。

榫槽机：加工木料上矩形榫槽或腰圆形（两端为半圆形）榫槽的木工机床。分立式和卧式，铣刀轴由电动机驱动做旋转运动。主轴可按照腰圆榫槽长度作快速摆动。工件夹紧在工作台上作进给运动，可一次加工出规定长度和深度的腰圆形榫槽，如图5-26。工件固定不动时，还可以加工出榫眼，与钻床的功能类似。

图5-26　腰圆形榫眼、榫槽的加工

3.铣型

铣削加工是使用预先设计好造型的铣刀在木材上进行旋转切削，可以用来加工孔眼、型边、线型等。对于长度较大的榫眼或榫槽，需要使用铣床来加工，铣床有上轴式、下轴式和平轴式几种，可以从不同方向加工，榫眼榫槽的宽度通过选择不同的铣刀来调整，如图5-27。

红木家具零部件的边缘常常会具有特殊的造型，如桌面板的边缘就常常使用冰盘沿的造型。这种造型在现代加工方式中需要进行铣削加工。铣削加工最常用的设备是下轴式铣床和上轴式铣床，铣床上安装有预先加工好形状的铣刀头，将木料推过铣刀头后，边缘就被加工成型面。

其中上轴式铣床又被称为镂铣机，镂铣机的用途广泛，数控镂铣机是雕刻机、CNC加工中心的主体。

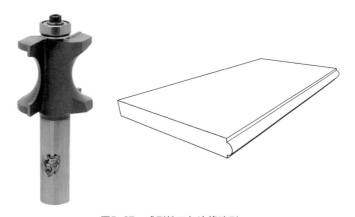

图5-27　成型铣刀与边缘造型

4.拼板

拼板是将小面积的板材拼接成为大面积板材的工序。传统家具的拼板方式有多种，如：平拼、企口拼、夹条拼、插榫拼等，由于工艺水平的限制，这些拼板方法要么费时、要么强度差；新古典红木家具中广泛使用的拼板方法对榫槽的拼接进行了改进，如图5-28中的拼板方式使用铣床加工榫槽，板件接合更加紧密，经涂胶拼合后的板件表面平整，花纹整齐，结构稳固。

拼板时，要根据设计要求选择开好的板料。首先按照部件的需要，选择木材纹理和宽度适宜的板进行初步拼接，这一步骤主要是为了看到拼板完成的效果，如图5-28中的拼板，花纹选择合适，看上去没有明显的拼接感。随后，将选好的板侧面开槽、涂胶，用夹具将涂好胶的板料压紧。拼接完成的面板，需要再次经过裁切，以确定板件的宽度和长度。最后，将拼接后的板件通过砂光机，将胶拼处的多余胶水砂掉，将板件加工平滑。

图5-28　现代拼板方式和拼板效果

5.预组装

木工加工的最后，要对加工好的零件进行预组装。术语叫"认榫"，就是将开榫打眼后的零件试组装成为零件单元或单个部件，以确认榫卯之间的配合情况符合要求，此步骤非常重要，因为一旦进入后续的雕刻工序，雕花部分容易损坏，经过雕刻的零件就不方便再进行木工加工了。

很多红木家具的零部件由多个部分组成，有些架子床之类的大体量家具，甚至会有数千个零部件，如果每个局部的榫卯连接如果出现微小偏差，整体上可能就会出现较大偏差。因此，试组装时一旦出现了榫卯大小不合，接合不严密，方向歪斜等问题，就需要对榫卯进行重新修整。木质材料加工榫卯不能像金属那样精准，因此，需要每个榫卯之间的配合都要进行单独检查，确保可用。有时还需手工修整榫卯，如图5-29。榫头的宽度要稍微超过榫眼的宽度，以确保榫卯连接紧固。除了榫卯接合的问题之外，还要注意接合后的外观有没有漏缝，翘角等现象。

　　试组装完成后，没有发现问题的话就要将装好的零部件仔细的拆卸开来，继续进行后续的加工工序。个别部件预组装完成后就不再拆开，而是直接进入后续加工，如抽屉的框架等。

图5-29　手工修整榫卯

三、雕刻

　　精美的雕刻是红木家具中重要的组成部分，是红木材性的最佳展示，也是红木家具艺术性的重要表现。雕刻题材极为广泛，可分为卷莲纹、灵芝、云纹、螭纹、花鸟走兽、人物山水以及吉祥文字图案、几何图案、自然物象图案和宗教图案十多类，雕刻的装饰部位大多数在家具的牙板、背板、构件端部等处。

常用的雕刻技法有线雕、浮雕、透雕和圆雕。

线雕是用线来勾画图案的雕刻方法，一般直接使用V型或半圆形刻刀在家具表面刻画出沟槽，也可在刻出的沟槽中填充颜色。线雕常常与其他雕刻技法同时运用，以刻画图案细部，如图5-30。

浮雕手法自古以来在家具上的应用最多，现代工艺中使用的数控木工雕刻机也特别适合制作浮雕，因此，新古典红木家具中浮雕装饰的应用最为广泛，如图5-31。

透雕一般是将浮雕上作为衬底的空白部分凿空，获得更加突出的视觉效果。一般的透雕只雕刻一面，另一边看不到的部

图5-30　线雕的花纹

图5-31　浮雕

分直接留下平板，传统称作"一面做"。如果两面都可见，那么就要在两面都雕花。如图中靠背的背板和牙子的雕刻，由于椅背两面都是可见的，所以两面都进行了雕刻，如图5-32。

圆雕是一种立体的雕刻技法，各个加工面都要雕刻出具体的形象来，在三维空间中都具有良好的视觉效果，一般应用在家具的局部供欣赏把玩，例如腿足、扶手的端头，柱头等部位，如图5-33。

除单独使用一种雕刻技法外，还有很多综合多种技法的雕刻工艺，如图5-34中宝座的靠背部分就是圆雕、浮雕和透雕相结合的例子。

图5-32 透雕的背板和牙子

图5-33 搭脑端头的圆雕

图5-34 多种雕刻综合运用

1.手工雕刻

手工雕刻是红木家具生产工艺的精髓所在，除少量手工机械辅助加工外，新古典红木家具手工雕刻工艺过程与传统家具一脉相承，十分复杂精细，如图5-35。

第一步，需要先将设计好的图纸粘贴在雕刻需要雕刻的木材表面。

第二步，啰花，也叫锣花、锣地，是根据图纸的设计要求，先将空白的部分木料掏空，使雕刻的层出初步凸现。此步操作可以用啰花机来协助完成，如果是透雕，则需要将将空白部分先打穿小孔，然后将线锯机的线锯穿过小孔后固定，再将空白部分锯掉。

第三步，打坯，是将木料雕刻成接近最终图案的整体形状。此部分加工后，雕刻图案的初步轮廓就显现出来。

第四步，修光，打坯后的半成品已经有了雏形，需要专门的雕刻工人按照设计图案的层次、深浅进行加工，完成后的图案将具有层次感和立体感。

第五步，精雕，这是手工雕刻的最后一道工序，工人要进行更精细的雕刻，将图案最终加工成型。

图5-35 手工雕刻

2.机器雕刻

现代红木家具制作中常用的雕刻手段是电脑雕刻，也称为机雕，即使用计算机控制的木工雕刻机来完成雕刻。机器雕刻从加工原理上讲是一种钻铣组合加工，新型的雕刻机的刀头尺寸小，可以实现不更换刀头直接完成粗细各部分的雕刻作业。

机器雕刻中前期计算机操作的各种设置过程较为复杂，但是设置完成后，后期工作效率高，工人调整好雕刻机，固定好需要雕刻的工件，就可以自动进行雕刻。常用的木工雕刻机一组可以加工六个零件，多台雕刻机联合作业可以实现规模化加工，如图5-36。

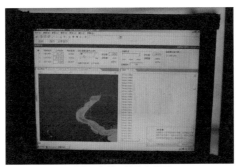

雕刻图案的三维数字模型

固定好的零件

图5-36　机器雕刻

机器雕刻大体上分为几个步骤：

第一步是进行图案的设计。设计师要根据产品的要求设计出加工需要的加工图，并将图案绘制成为图纸。

第二步是在计算机中创建雕刻图案的数字模型。可将绘制完成的图纸扫描进计算机生成二维或三维的数字模型。并对雕刻软件进行设置，确定走刀路径、深度等参数。

第三步就可以使用计算机控制雕刻机进行雕刻。

雕刻完成后，需要对雕刻机加工过的工件进行修整，如，需要透雕的部分要用线锯镂空，边缘部分需要用铣床倒角或者锯掉多余的料。

图5-37展示了手工雕刻和机器雕刻的线条区别。机雕尺寸精准，横平竖直，曲线平滑，能保证不同零件上雕刻的内容一致。工作效率极高，特别适合大批量、大面积规则图案的雕刻。但是，因为机器的动作简单、刀法单一，导致机器雕刻的图案比较死板，观赏性差。人工雕花的手法比较灵活，技艺高超的雕刻工匠可以因形造势，雕刻图案活泼富有观赏性。而且，手工雕刻可以加工精细的图案细节部分，弥补雕刻机的不足，但是，手工雕刻与雕刻工的技术水平关系极大，手工操作

手工雕刻的线条

机器雕刻的线条

图5-37　手工雕刻与机器雕刻的线条

的失误率较高。因此，红木家具的雕刻常常是人工+电脑配合完成，雕刻机负责雕刻出图案的整体形状，处理规则的线条部分，然后手工对图案细节，如人物的面部，花草，羽毛等细微精致、立体感强的局部进行雕刻。提高了加工效率和材料的利用率。

四、组装

组装是将零件接合成部件，零部件组合成为整体家具的过程，如图5-38。由于红木家具采用榫卯结构，组装时需要按照设计的顺序依次完成插接。组装完成后，如果需要拆卸，也要按照原来的步骤反向进行，否则就可能出现安装错误。

组装的过程是先将零件组装成部件，然后将各个部件进行组合。零件之间的榫卯连接在木工加工工序的最后已经进行了试组装，以确定榫卯的配合精准。部件组装完成后，需要用夹具夹紧，放置一定时间后，待零件之间的应力平衡，尺寸稳定后才可以解除夹具。结构复杂的家具，在整体组装完成后也需要使用夹具将各个连接部位夹紧。如图5-39中的床榻的面板，面积大，框架长，对于平整度的要求很高，必须使用夹具进行校正。

沙发扶手与底座装配

组装完成的柜子背板

图5-38　零件和部件的组装

图5-39　夹具定型

组装完成后的家具需要按照受力要求进行码放，等待进入下一个工序。

五、打磨

打磨是对家具表面进行光滑处理的过程，打磨工序要求将前面加工中家具表面留下的不平度、污渍等消除。针对不同的部位和光滑程度的要求，打磨所用的方法也有不同。

1.刮磨

刮磨，虽然称为磨，但是实际上刮磨与打磨不同，打磨主要是为了降低表面的粗糙度，而刮磨的主要作用是把木工工序中没有制作到位的地方做细化加工，将不平的地方刮平，该弯曲的地方做圆润，将局部细化，让线条更加的清晰，棱角更分明，整体平滑流畅，如图5-40。由于加工后的表面粗糙度较大，甚至起伏不平，因此需要用刮刀从每次表面刮掉一定厚度，多次刮磨后达到表面平整。刮磨也能够去除木材表面的老化腐朽、污渍和蜡质，使红木的呈现出美丽的花纹和色泽。

刮磨工序需要工人手工操作，普通木材进行加工时，对于

图5-40 刮磨

不平的表面只能通过净刨或砂光来处理，而红木材料由于材质致密细腻，可以用比较锋利平直板边来刮过木材的表面，刮磨下来的木屑是一片片絮状的薄片。刮磨操作需要顺着木材的纹理单向进行，否则就会刮起毛刺。

刮磨主要的工具是刮刀，就是不同造型的铁板。刮刀比木工净刨使用更方便，适应性更强，尤其是带有雕花的面上，容易出现凹凸不平，使用刮刀可以比较方便的刮除，一些细小的部位用小型刮刀更容易加工。除了各种造型和用途的刮刀，其他的工具还有刀、刨、锉等，适用于刮磨不同的部位和做不同的处理。在较为平整的部位也可以使用打磨机和砂纸进行加工。

刮磨加工不仅仅可以对表面的平整度进行处理，还可以用来加工线型。如，板面边缘的凹槽等。

2.打磨

打磨，是对家具表面的加工痕迹进行去除，并降低木材表面粗糙度的过程。前步工序中留在木材表面的加工痕迹在这一工序中都要被去除，包括加工后残留的毛茬、刨花，刮磨后表面留下的波浪状痕迹，尖锐的棱角、木材表面造成的污染等，如图5-41。

打磨需要手工加机械的方式来完成，适合于加工面积大，结构变化小的部分。打磨常用的设备是手持式打磨机，机器可以安装不同尺寸、形状、粗细的打磨头，适应家具上不同的部位，满足不同的精细程度要求。

3.花磨

花磨是对雕刻后图案进行打磨的过程。雕刻过程中，雕花图案的表面都是走刀留下的痕迹，同时不可避免会遗留下很多

图5-41　打磨常用设备

图5-42　打磨机花头

毛刺，这些都需要再次进行打磨。花磨主要使用安装有各种打磨头的打磨机来完成，由于打磨头的造型特点，常被称作"花头"。图5-42就是常用的一种花头，可以处理雕刻机雕刻的图案。

部分雕刻图案无法使用机器设备进行打磨，则需要手工完成。工人用不同号的砂纸，由粗到细对图案的表面进行打磨，直至将表面平滑，雕刻图案的内部也要磨到光滑细腻，尤其是圆雕和透雕的图案，结构复杂，局部空间狭小，甚至人的手指也插不进去，就需要将砂纸卷折成细小的尖，用尖端进行打磨，确保不能留下毛刺、尖角，图5-43。

图5-43 手工花磨

图5-44 磨光的家具表面

4.磨光

磨光是要将家具表面打磨到一定的光滑度。磨光的过程使用不同粗细的砂纸也完成，砂纸使用由粗到细，通常是先使用180号的砂纸打磨，然后使用240号、320号、600号、800号、1000号、1200号，逐渐变细，经过多次打磨后将家具表面磨至光滑、细腻，如图5-44。

六、家具表面处理

表面处理是红木家具加工的最后阶段，其作用一是保护家具本身不受到外界环境的中的各种损害，二是增加家具的美观度和舒适度。经过表面处理的家具就可作为成品使用了。

1.光身

所谓光身家具，就是指那些既没有上漆，也没有上蜡的成品家具。这种家具的表面保持了材料自然的状态，看上去清新质朴，直接将木材纹理、颜色、质地都展现了出来，连零部件的榫卯结构也都能清楚地看到。在使用过程中，木材中的油脂

图5-45 光身家具与表面包浆

缓慢渗出，堆积在家具表面与人体直接接触。加上人体分泌的油脂、汗液等渗入木材表面，天长日久经过不断的摩挲，形成了温润光泽的表层。这一层物质可以使家具更加美观，更有风韵，同时也能起到保护木质的作用，行内称为"包浆"，如图5-45。

由于没有了涂饰层的保护，光身家具的用料需要比一般的家具更加优质，出厂前要经过多次精细的打磨，使家具表面手感达到细腻顺滑。一般采用名贵材料的红木家具才会采用这种处理工艺，例如：海南黄花梨、越南黄花梨、老挝大红酸枝等。

2.涂饰

涂饰，即在家具表面涂抹单层或多层涂料来达到装饰和保护的作用。涂饰工艺可以提高家具表面的视觉舒适度，也在人体与家具接触时提供更好的触感，另外，表面涂饰层形成了保护膜，将家具与外面环境隔离开，可以起到防潮防腐等效果，阻止木质受损。

打蜡和上漆是对红木家具进行涂饰的两种方法。红木加工行业有一句老话叫"南漆北蜡"，意思是南方的家具多采用上漆的方法涂饰，而北方的家具多采用打蜡的方式。这受到了南北方自然环境的影响，北方的气候干燥多风，而南方的气候湿润多雨。因此，北方的家具需要打蜡来防止水分散失，而南方的家具要上漆来阻止水分吸入。

（1）打蜡

打蜡，也叫上蜡，分为开放打蜡与封闭打蜡两种。开放打蜡是将木头的孔眼、木纹露在外面，直接在上面打蜡。用料优良、工艺水平高的产品一般采用开放打蜡，借此凸显出产品的档次。封闭打蜡是先用填充物将木头表面的空隙填满，以增强光滑感。填充物一般采用无毒无味的生漆。封闭打蜡时，由于毛孔已经填实，蜡的用量不能过大。目前常用的工艺是烫蜡和擦蜡两种。

①烫蜡

烫蜡使用的蜡主要是纯天然的蜂蜡，也可根据气候的不同使用蜂蜡与川蜡、石蜡的混合蜡，蜡经加热融化后才能够附着到家具的表面。

传统烫蜡工艺需要使用炭火、喷灯等明火来加热，操作复杂，温度难控制，又缺乏安全性，现代工艺已经改良为使用电加热。

目前常用的烫蜡工艺可细分为调蜡、布蜡、烫蜡、起蜡、擦蜡、抖蜡六个步骤。

首先要将蜂蜡放入金属容器中加热使其熔化，根据最终效果的需要可适当在容器中加入松香、石蜡、川蜡等。调蜡完成后才可以进入正式的烫蜡程序，要检查表面是否有污迹，若有的话则要擦洗干净，同时清理干净产品灰尘。

布蜡的过程是用鬃刷将熔化的蜡点布到家具表面，布蜡量要根据部位适当调整。

烫蜡一般是用电碳弓将家具表面需要烫蜡的地方迅速的烘烤，让其管孔充分膨胀，让蜡汁充分的填充进去，封闭管孔并形成保护膜。比较精细的局部或透雕部位加热常常使用更快捷的方法，就是使用工业热风机来吹熔蜂蜡，同时用棉丝进行擦拭。

起蜡，是将家具表面多余的蜡质用特制的铲子刮除的过程。传统的蜡铲使用牛角制作，特殊部位的蜡铲，如雕花、线条等部位，可使用与家具相同材质的木蜡铲，以防止损伤家具表面。

擦蜡可以使用棉丝或者粗布、棉布来进行，里外上下的擦到位。顺着木材纹理的方向擦拭，一来可以将表面的多余蜡质

图5-46 天然蜂蜡

图5-47 擦蜡

擦出，二来可以使家具表面更加光滑。

抖蜡，用板刷、猪鬃对家具表面进行擦拭，尽可能将表面残留的蜡质刷去。此步骤完成后，烫蜡才算结束。烫蜡后的家具应该能显现出木头本身的自然色泽和纹理，表面光滑、透亮，木材的气味与蜂蜡融合，散发出天热的芳香。

②擦蜡

烫蜡工艺较为复杂，加工效率低，有部分红木家具企业烫蜡工艺进行了修改，不再使用最家具表面进行烘烤加热的方法熔融蜡质，而是将固体蜂蜡熬制成液体，加入一定的松节水稀释，然后，用棉布或者棉丝蘸取融化后的蜂蜡在家具上来回擦拭几次，最后用干棉布或者棉丝将残余的蜂蜡擦拭干净。这种方法叫做"擦蜡"或"打水蜡"。打水蜡具有成本低，涂饰简单速度快等优点。

（2）上漆

红木家具的上漆，传统称为"髹漆"。现代家具的油漆，往往使用化学合成的油漆，采用透明油漆或有色漆。而由于红木的材性优异，纹理美观，一般只要涂上薄薄的生漆就可以达到美观和保护两种效果，如图5-48。

图5-48　上漆后的表面

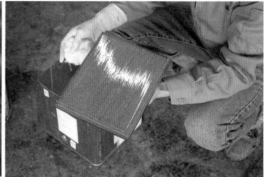

图5-49　手工刷底漆

红木家具上漆，一般使用生漆，又称为"国漆"，是从漆树上采割而获得的天然树脂涂料。在我国，生漆的使用已经有七千年的历史，是真正环保健康的绿色材料。将漆树外表的韧皮割开，从中会流出一种乳白色胶状液体，在接触空气后液体的颜色逐渐加深，最终程褐色，数小时后与空气接触的表面可硬化成漆皮。生漆漆膜光亮通透，能突现木材的纹理和孔眼；色泽耐久，保光性能特优，使用期可达数百年；不易污染，不怕虫蛀和不受温度影响。上漆之后整个红木家具看上去色泽饱满，光亮温润，更加符合大众的审美眼光。更加具有耐腐、耐磨、耐酸、耐溶剂、耐热、隔水和绝缘性好等待性。

上漆的工艺较为复杂，传统的髹漆工艺分为打坯、批灰、打磨、上底色、揩漆、批灰、打磨、上补色、揩漆、批灰、打磨、局部补色、揩漆、打磨，共十八道工序。图5-49为手工刷底漆。上漆的效果主要依靠多次重复的揩漆和打磨来实现，加上后期阴干的过程，完成整套工艺耗时超过一个月，甚至数月。且生产过程要在阴暗潮湿的不良环境下进行,因而不适合大批量生产的需求。

目前，传统的髹漆工艺只有部分家具企业使用，而正在广泛使用的是现代的红木上漆工艺。现代工艺在传统工艺的基础上演化而来，其采用的漆中添加了用来改良性能的化学成分。

现代工艺分为打坯、批灰、打磨、上底色、喷底漆、打磨、喷中途漆、打磨、揩漆、阴干、揩漆、阴干、四次以上揩漆（视漆膜要求）。与传统工艺相比，喷涂方式加工出的漆膜分布更加均匀，漆膜厚，强度高，适应现代家居环境，容易保养，不易损伤，且生产效率提高很多。

涂饰完成后的家具不能够随意码放，需要对涂饰面进行清洁和保护以便作为成品包装出货或者进入下一步配件安装。

七、配件安装

传统红木家具在结构上一般不使用金属连接件进行连接，但是在安装门、抽屉等需要活动的部件时，需要使用金属配件，如：铰链、门环、拉手等。新古典红木家具的结构中的个别改良结构，也需要使用金属配件，如：床体和床屏直接的连接等。而柜子的门板、茶几茶台的面板中则要使用玻璃板。

内部结构上的配件，如图5-52中床屏与床架的连接件，一般在组装工序中安装，对外观要求较高的配件则需要在家具表面处理后完成安装。

图5-50　抽屉拉手预留孔

图5-51　金属、玻璃等配件

图5-52　床屏与床架的连接件

八、包装

红木家具的包装有三个作用：其一，使家具便于搬动、节省空间、降低物流成本；其二，是保护家具不受搬动、运输过程中的温湿度、光照、磕碰等损害；其三是使产品具有一定的识别度，对强化品牌、刺激消费者的购买欲方面大有裨益。

红木家具由于自身结构特点，不能像现代板式家具那样进行扁平化包装，因此，一般的包装都是单件家具独立包装，主要有以下几个步骤：首先，使用柔软、有弹性的珍珠棉将家具整体包裹，在脆弱部位要用珍珠棉填充，并使用胶带、捆扎绳将珍珠棉捆扎紧；其次，在容易发生碰撞的部位包裹胶皮并捆扎；再次，用瓦楞纸作为外包装将家具包裹，并进行捆扎。对于要求高，长途运输的家具则需要根据其尺寸在外面制作木框，如图5-53。

图5-53　包装后的家具

【参考文献】

[1]　大江. 生漆与红木家具髹饰工艺[J]. 家具, 2011(1):65-68.

[2]　何智杰,陈于书. 现代家具中的髹漆工艺[J]. 现代装饰(理论),2012,（6）:45.

[3]　王世襄. 明式家具研究[M]. 北京市: 生活·读书·新知三联书店, 2010.

[4]　杨波, 吴智慧, 李敏. 红木家具包装现状及发展走向的研究[J]. 家具, 2013(4):30-34.

[5]　张天星. 中国传统家具的创新与发展研究[D]. 中南林业科技大学, 2011.

新古典

红木家具

第六章
新古典红木家具品鉴

新古典红木家具具有丰富的文化内涵、精湛的工艺技术、精美的木质感觉及深厚的艺术价值，是材料、技术、艺术、文化的完美结合，彰显出儒雅的生活品味和艺术性。通过对一件赏心悦目的新古典红木家具的品鉴，通过物化精神的倡导，可以使人们的艺术心灵得以升华、文化情操得以表达，实现心理的共鸣和情感的交融，让生活感受更优雅别致。

一、品鉴角度

一切美好的艺术品都要诉诸于表现，新古典红木家具的美主要表现在"内涵美、形态美、结构美、材料美、工艺美、装饰美"等几个方面，对一件新古典红木家具进行赏析，可以从以上几个角度入手。

1．内涵之美

新古典红木家具艺术作为传统行业内兴起的"复古风"，继承了古典家具的精髓——让技术成为艺术，同时在此基础上，以人为本，强调功能和实用，道器统一，逐层深入，环环相扣，缺一不可，最终产生的结果便是"有根"之设计。内涵美是赏析新古典红木家具的航标，是体现家具设计文化的核心，内涵美在新古典红木家具中表现为"自然"、"合度"、"高雅"的审美情趣。如图6-1中的"大象宝座"沙发椅，该椅子将中国传统文化中的吉祥图案与纹样融入到设计中，家具正中间饰以大象为主的植物鸟兽图，寓意"万象更新"、"吉祥如意"之内涵，用一种真实的器物来展现一种传统文化精神。

2．形态之美

家具的形态主要指家具的"形象和神态"，即不光是家具的形状、形象等可视的外在表象，还包含气韵、神态、情状等可以"意会"的内在意义。形态美指家具的外在表象和内在意义的美，是否符合审美的基本规律，表现为家具各部件适宜的尺度比例，整体外形的把握、线脚的应用、纹饰的处理及统一中蕴含丰富的形体变化等。无论是多样与统一，还是平衡与对称，抑或是渐变与调和等形态美学，均应在其内有所体现，只是侧重点不同而已。如图6-4中，此博古架从整体到局部细节，都贯穿着尺度比例和谐、方中带圆和圆中显方的变化与统一的美学原则。

3.结构之美

结构是材料构成家具的手段与方法，任何材料都必须通过一定的连接方式才能组合成家具，这种连接方式就是家具的结构，这种结构所呈现出的美感，即为结构美。家具的结构形式多种多样，新古典红木家具的结构主要为与中国建筑一脉相承的木构体系——榫卯结构，该结构以精准性、牢固性、美观性而闻名于世，是中国传统红木家具的工艺基础，也是达到工艺与设计完美结合的重要手段。榫卯的结合方式是否精准与合理，不仅会影响家具的使用寿命，也关系到木材纹理的视觉效果。严格地说，家具结构的技术性能是属于家具技术质量的评价范畴，但任何产品，如果其技术质量达不到要求，就很难使人产生美感，因而，产品的技术质量是审美质量的基础，对产品的品鉴应包含技术质量的评价，尤其是结构美感的评价。

4.材料之美

材料是构成产品的物质基础，也是构成产品外观质地的决定性因素。材料的性能是构成一件品质优良的家具的最基本条件，所以对于材料的选择与处理尤为重要。制作新古典红木家具的材料主要以深色名贵硬木为主，该类木材具有天然的纹理与色泽、坚实的密度与质感，如能合理利用其固有的特性，使之成为有思想、有灵魂的载体，便可提升家具的艺术价值和内涵。深色名贵硬木的材料之美不仅来自于它的视觉特征的色泽、纹理、光泽，还来自于它的触觉特征，给人带来的心理和生理的感受，如冷暖感、粗细感、软硬感，甚至还有我们的嗅觉特征，这些都极大地丰富了材料之美的内涵。材质最华美的当数国宝黄花梨木和紫檀木，黄花梨木天生丽质，木质质地致密坚硬，色泽典雅明亮，纹理清晰流畅，生动多变，或隐或现，自然优美，最具欣赏性。此外，评价一件家具材料的优良，其物理、化学、力学性质也是非常重要的要素之一，它是家具功能、结构、造型实现的基础。新古典红木家具所使用的材料在物理、化学、力学性质等方面均优于一般的木材，尤其在比重、吸水性、机械受力程度、变形特点、氧化、耐腐蚀等方面的特性。

5. 工艺之美

工艺是指使用生产工具对各种原材料、半成品进行加工或处理，最终使之成为制成品的方法与过程。新古典红木家具的工艺主要指利用各类木工机械和设备将深色名贵硬木材料加工成家具的木工工艺与技术，是通过木质材料来传递制造者思想感情和审美观念的一种方法和过程。恰到好处的木工艺能更好地表现木材的材质之美，不同的工艺制作方法也会产生风格各异的效果和质量，因此品鉴一件家具时，品鉴木工制作工艺是不可缺少的因素。在新古典红木家具的制作过程中，主要有加工工艺、结构工艺和装饰工艺，前者包括：干燥、开料、画线、开榫、打磨等；结构工艺包括：垛边、交圈、指甲圆、挖缺、压边线、起阳线、赶枨等；后者包括：雕刻、镶嵌、漆艺以及髹饰（打蜡与揩漆）等工艺。品质优良的家具产品一定是各类工艺的综合体，那类具体工艺做得不够精良都会影响整件家具的品相。图7中，屏风上精细的雕刻、均匀的油漆、打蜡，均能呈现出华丽精致的木工艺之美。

6.装饰之美

广义的装饰指对一切形体的美化，包括材料的肌理质感、色彩、装饰图案等等，新古典红木家具的装饰主要指各种依附于造型的、又具有独立审美表现的装饰形式，如线条、雕刻、镶嵌、烙花、彩绘、镀金等艺术性的装饰手段。赏析新古典红木家具时，我们应要看此家具选择的装饰形式是否适合，从而在家具中感受到装饰之美。基于简约雅致的明式风格的新古典家具多以线形结构装饰为主，通过极其丰富的线形变化，并与面完美组合，使家具典雅妍秀，令人赏心悦目。偏清式风格的新古典红木家具除线形外，还会用到雕刻、镶嵌和附属构件等多种装饰手段，使家具高端大气，呈现奢华之美。新古典红木家具的各种装饰手法或图案秉承了传统工艺美术装饰的要点，讲究层次分明、疏密有致、虚实相宜，繁简相称、紧贴主题等。例如，雕刻就讲究"雕花要气韵，层次要分明，棱角要清楚，疏密要相称"等明代工匠所总结的审美观念。新古典红木家具格调高雅，造型优美，追求一种修身养性的生活境界，而在装饰细节上崇尚自然情趣，动物植物等纹样精雕细琢，富于变化，充分体现了中国传统美学精神。如在图2中，此椅子装饰题材和图案丰富：有吉象、拐子纹、卷草纹等，装饰手法多样：有浮雕、透雕、圆雕，整体体现简约、适宜、精致的装饰之美。

二、实物品鉴

1.单品品鉴

（1）机椅类

图6-1为一款大红酸枝雕云龙纹沙发，长860mm、宽620mm、高1100mm，此沙发是在中国传统宝座的基础上，考虑现代生活需求及使用的舒适性，结合西方沙发特点改良而成，传承了清代宝座的神韵与内涵。该沙发靠背托首部为勾云纹，云纹中间刻寿字，云纹两旁的含珠螭龙构成靠背角部。靠背正中间雕刻西施图案，下方为二龙戏珠图，靠背两边饰以凤凰图案结子。座面硬屉，屉下有束腰，牙条鼓出，雕牡丹花纹、蝙蝠花纹，外翻三弯腿，底部以卷云做收口，扶手上雕有牡丹、喜鹊纹饰。该沙发形体宽大，用料粗硕，寓意丰富，造型端正，纹样对称，刻工精致，是新古典家具中的典型之作。

图6-1　大红酸枝雕云龙纹沙发（东成家具）

图6-2为一款花枝吉象搭脑一统碑椅，长470mm、宽480mm、高1030mm，此椅形态对称、轻盈秀丽，比例合宜，装饰精美，是一件美感极强的艺术品。此椅搭脑形态在大象造型的基础上，经过简化提炼、改良而来，保留了象身、象头、象鼻的简洁形象和神韵。椅子靠背有一定的弧度，放大的拐子纹构成靠背外围，靠背上方刻有蝙蝠纹，中部刻有牡丹花和宝瓶图案，下方可有简化的云纹并有开光，左右结子为卷叶纹样。硬座面，下有束腰，牙条拐子式洼堂肚，四腿肩部设飞牙，中段挖缺，足端刻有卷草纹，腿间设踏脚帐。

图6-2　花枝吉象搭脑一统碑椅（东成家具）

（2）几案类

图6-3为一款缅甸花梨回纹平头案，长1800mm、宽480mm、高830mm，该案形态清秀、比例适宜、素雅精致，颇有明式家具遗风。此条案规格与一般条案相似，但装饰极为单纯，用料十分精当。案面为传统的攒边结构，中间面板为精选的大料独板，面板边沿没采用传统的冰盘沿线型，而选择了极具现代感和装饰性的回纹装饰。无束腰，腿足与面板直接相接，腿正面圆弧边沿，中间打洼，刻有4条阴线，洼处刻有回纹装饰，与其他部位呼应，腿下设有托泥。牙条和牙头浅浮雕云纹，与规则的回纹形成对比，静中有动，动静相宜。

图6-3　缅甸花梨回纹平头案（东成家具）

（3）橱柜类

图6-4为大红酸枝三色博古架，长1800mm、宽380mm、高1980mm，此博古架整体外形为合二为一的方形架，每根线脚都施洼面，方架周边与中心圆处的线脚间镶嵌紫檀木条，正中心为用金丝楠木浮雕的龙凤吉祥纹。架子内对称分隔出大小不一的储物格，格子周边饰以紫檀角花。中间与底部各安一对抽屉，抽屉面浮雕缠枝纹，设有拉手。底帐下用宽牙条，牙条为壶门曲线，牙条上刻有缠枝纹。柜脚有金属包片，耐磨又有现代感。该博古架稳重大方，形态方中带圆，材色丰富多样，装饰精美秀丽，是一件美观性与实用性完美结合的家具精品。

图6-4　大红酸枝三色博古架（东成家具）

（4）床榻类

图6-5为酸枝卷书罗汉床，长1950mm、宽880mm、高850mm，以精选的红酸枝和黑酸枝为原材料，以红酸枝为主材，主要做框架和大块面材，以黑酸枝为辅材，主要为雕花部件的底板。该罗汉床以卷轴为基本创意元素，将其与靠背、扶手相结合，形成独特的韵味。床背三屏连体，均嵌黑酸枝雕版，刻有花鸟纹样。扶手为卷轴状，与座面板连接处设有立牙，扶手端头雕刻寿字。腿足素面方正，以回纹状收口。牙条和牙头为放大变形的拐子纹，牙条中间部件方中带圆，并刻有寿字，两边的牙头演化成方形的部件，其上嵌有刻有花鸟纹的装饰板。整件家具造型清秀精巧、比例适宜、做工精当、配色和雕工精美，特色鲜明。

图6-5　红酸枝配黑酸枝卷书罗汉床（东成家具）

（5）台架类

图6-6为大红酸枝大象梳妆台，长1240mm、宽550mm、高174mm，属于中西合璧红木家具的一种。该梳妆台体态饱满、做工优良、装饰精美、是一件难得的精品。该梳妆台分为上下两部分，上部为抽屉式首饰盒与镜架，镜框内装有玻璃镜，镜框上端形态仿象头、象鼻形韵。镜框左右各设两抽屉，角牙雕云纹。梳妆台下部仿西洋家具式样，台面下设一柜3屉，面上雕牡丹花及花枝、喜鹊，有喜上枝头之意。膨腿膨牙，牙条雕花鸟，外翻三弯腿，腿部饰以云纹，底部以卷云收口。

图6-6　大红酸枝大象宝座梳妆台及凳（东成家具）

（6）屏座类

图6-7为缅甸花梨花开富贵屏风，屏风长1550mm、宽580mm、高1980mm，此屏风体形较大，雕工精美，材料坚实，做工精良，为新古典红木家具的上品。该屏心雕花开富贵图，用边抹作大框，中以子框隔出小屏心，屏心雕刻梅花、竹、佛手、石榴、月季花等吉祥纹样，代表春夏秋冬四季平安吉祥。底座用两块厚木雕，上竖立柱，以站牙抵夹。两立柱间安横枨，短柱划分，中间浮雕拐子纹、寿字纹、铜钱纹等吉祥纹样。枨下安双龙戏珠披水牙。

图6-7 缅甸花梨花开富贵屏风（东成家具）

2.系列品鉴

（1）"香茗"系列1号

图6-6～6-15为缅甸花梨"香茗"系列家具（东成家具），整个系列分为客厅、餐厅、卧室、书房4个小套系，该系列精选缅甸花梨为原料，吸收明式家具之精华，揉现代生活之习性，营造出一份独特的中式古典家居新意境。品"香茗"正如品一杯好茶，清韵而幽香，展现出一种闲适雅静、温馨宁静的慢生活状态。

餐桌尺寸（长×宽×高,下同）：
1600mm×870mm×760mm
椅尺寸：
510mm×480mm×850mm

图6-8　餐桌及椅

"香茗"不是古典元素的简单堆砌，也不是现代风格的生搬硬套，而是细致挖掘中式古典家具的设计风格特点，尤其继承了宋、明时期的家具设计理念，并在功能、构造、装饰等方面赋予了新生命，可谓"存古韵，立新风"。整体造型大气优雅，大形处有如泼墨之势，细微处却精雕细琢。整体特征为：造型基本以线形为主，精要处饰有少量雕刻，整体形态呈现出一种圆润、空灵、素雅之美。部件大多为圆材，面板展现木材天然的纹理，局部用简洁、精美的云纹浮雕装饰，犹如画龙点睛之笔。古典家具中的罗锅枨、矮佬、横枨等部件，在此演绎成家具中的撑脚、围栏。形体结合现代人体工学理论设计，充分考虑人使用的舒适性和安全性。整套家具充分显示了新古典红木家具所倡导的理念与精神，为当代新古典红木家具精品。

书桌尺寸：
1680mm×810mm×780mm
椅尺寸：
610mm×560mm×900mm

图6-9 书桌及椅

大床尺寸:

2050mm×1800mm×1070mm

床头柜尺寸:

600mm×450mm×530mm

图6-10　大床及床头柜

尺寸：

1520mm×410mm×880mm

图6-11　餐边柜

尺寸：

1980mm×610 mm×2200mm

图6-12 衣柜

尺寸：

3030mm × 400mm × 2180mm

图6-13　四组合书柜

梳妆台尺寸：

1100mm×470mm×1560mm，

凳尺寸：

350mm×350mm×430mm

图6-14　梳妆台及凳

尺寸：

2160mm×470mm×560mm

图6-15　地柜

三人沙发尺寸：

2140mm×600mm×1120mm

单人沙发尺寸：

770mm× 600mm×1120mm

茶几尺寸：

1370mm×1050mm×500mm

电视柜尺寸：

580mm ×500mm×600mm

角几尺寸：

580mm×580mm×600mm

（2）"迎福"系列

图6-16～6-24为缅甸花梨"迎福"系列家具（东成家具），整个系列分为客厅、餐厅、卧室、书房4个小套系，"迎福"系列家具精选缅甸花梨为原料，工艺技术上精工细作、精雕细琢，力求见著于微，再现并延伸了红木家具的精髓与特色，为中式古典新风范。

"迎福"整体形式较为秀气，有明式家具遗风，但是继承了广作家具重装饰的传统，所以也不失大气，体现了构成形式上的一种创新。整套作品造型特征为：线形上取明式家具圆棒脚，官帽椅扶手；面板上饰以如意纹，四周填充拐子纹、云纹；以卷轴的形式作为椅子类的搭脑，为整个作品增加了几分灵动，椅靠背两侧饰以细腻的卷草纹，可谓是能工巧匠，靠背部分采用通透的布局，整体给人清晰明朗的新鲜感。

图6-16 沙发组合

桌尺寸：

1960mm×680mm×790mm

椅尺寸：

730mm×600mm×1120mm

图6-17　书桌及椅

尺寸：

1960mm×410mm×2160mm

图6-18　书柜

餐桌尺寸：

1360mm×1360mm×790mm

椅尺寸：

460mm×440mm×1030mm

图6-19　餐桌及椅

尺寸：

2160mm × 450mm × 420mm

图6-20　电视柜

茶台尺寸：

1520mm × 860mm × 620mm

椅尺寸：

760mm × 500mm × 830mm

图6-21　茶台及椅

床尺寸：

2120mm×2260mm×1240mm

床头柜尺寸：

550mm×480mm×560mm

图6-22　床及床头柜

台尺寸：

1260mm×500mm ×1750mm

凳尺寸：

380mm×380mm×410mm

图6-23 梳妆台及凳

尺寸：

1960mm×590mm×2260mm

图6-24　衣柜

（3）"大象宝座"系列

图6-25～6-29为大红酸枝"大象宝座"系列家具（东成家具），整个系列分为客厅、卧房、餐厅三个小套系，该系列家具精选大红酸枝为原材料，家具造型和装饰上延续了广作家具中西合璧的传统，整体雍容大气、稳重豪华，充分体现"万物皆为我所用"的新广作红木家具的设计精髓。

三人沙发尺寸：

2280mm×820mm×1270mm

椅尺寸：

1060mm×820mm×1200mm

茶几尺寸：

1560mm×980mm×550mm

角几尺寸：

690mm×690mm×760mm

图6-25 大红酸枝"大象宝座"沙发组合

"大象宝座"系列家具整体稳重大方、精致奢华，家具整体造型中西合璧，以大象的造型为一个设计元素，将其有机地融入到产品中。椅类靠背部分采用了中间实两边虚的构图方式，既体现了作品的雍容大气又通透有灵气的感觉，搭脑以云纹为原型，加以演练，具有很强的形式感。沙发椅正中间饰以大象为主的植物鸟兽图，寓意"万象更新"、"吉祥如意"。椅靠背两侧以拐子纹为框架，穿插大象圆雕，虚实分布甚是有趣。扶手部分呼应靠背，以拐子纹为框架，饰以如意纹样，可谓形美意深。面板、牙条等雕刻花鸟、云纹，雕工精细，磨工到位，极具层次；有束腰，脚座均为外翻三弯足，底部以卷云做收口，腿足边缘位置用云纹以增加层次，并填充以花鸟纹样，整体稳重大方，又不失精致。柜类家具以现代西方家具的造型为基础，融入中式图案与纹样，洋为中用，体现了新古典红木家具兼收并蓄的特色。

餐台尺寸：
1600mm×1100mm×780mm

主椅尺寸：
610mm×520mm×1030mm

椅尺寸：
500mm×480mm×1030mm

图6-26　餐桌及椅

尺寸：

2360mm×600mm×2360mm

图6-27　顶箱柜

尺寸：

1060mm × 500mm × 1080mm

图6-28　五斗柜

尺寸：

2100mm × 380mm × 2100mm

图6-29 博古架

【参考文献】

[1]　李小鹏.新红木家具的收藏.大众理财顾问[J].2006(12):84-85.

[2]　佟灵.新制红木家具是否具有较高的收藏价值？[EB/OL].出山网. http://news.chushan.com/index/article/id/64172,2014.4.23.

[3]　王晓美.中式家具新风尚：中式新古典[J].域色（尚家）.2011(8).

[4]　张天星."新古典"家具设计的原则[J].家具与室内装饰.2013(3).

后 记

　　《新古典红木家具》一书编撰完成，内心感到十分欣慰。书稿的编写缘起于新古典红木家具的倡导者——中山市东成家具有限公司，公司总经理张锡复先生长期以来一直致力于新古典红木家具的制造与研发，他主张企业不能光埋头苦干，还要有信心和责任担当起行业健康持续发展的重任，他重视人才、重视科研，先后在大涌建立了广东省博士后创新基地、广东省东成红木家具研究院，希望能够获得一批优秀的科研成果，提出一些有建树的专业理论，寻找出一条适合中国传统红木家具产业发展的新路子，为当代红木家具行业发展找到方向。作为东成家具的产学研合作单位——华南农业大学林学院，从2006年开始就与中山市大涌镇政府及多家企业建立了产学研合作关系，作为参与其中的专业教师，我们也希望同张锡复先生一起继续为中国传统红木家具行业的发展做出一些尝试和努力，能够构建出一套适合当代红木家具发展的理论体系，哪怕有诸多的缺点和错误，也权当是抛砖引玉，以引起有关领导和有识之士的关注，也借此搭建平台，共同探讨行业如何健康持续的发展，于是我们决定承担起此重任。

　　编写过程中得到众多领导和朋友的帮助与教诲，特以致谢！编撰工作得到大涌镇政府领导的高度重视，镇委书记黄红全先生亲自带领镇里各级领导干部多次参加该书的编写汇报和研讨会议，认真听取编写人员就编书计划、框架、甚至具体章节内容的汇报，并给出有价值的指导与建议，同时参会的领导还有镇长文卫戈先生、党委委员周长甫先生、谢巧明先生等。编写工作得到东成家具有限公司的大力支持，从资金投入到产品图片的拍摄，到相关人员的参与等方面都积极配合，全书共采集了260多张图片，大部分源自于东成家具有限公司。该书的构想得到了中国家具行业协会会长朱长岭先生和中国高等院校家具专业创始人之一的胡景初教授的认可，并为该书写了序言。亚洲家具联合会会长、北京林业大学教授林作新先生对本书寄予厚望，为本书题词，呼吁民族文化的回归。大涌镇红木工程技术中心曹新民总工对本书的框架、撰写内容给了评阅和指导，在专业上认真把关，并提供一些资料和信息。广东省家具行业协会会长王克先生作为本书的主编之一，参与了本书的具体编写工作，保证了本书的可读性和专业性。编撰本书时参考了很多学者和专家的研究成果，虽然有些人素未相识，但我相信我们一定有共同的理想，即希望我们的传统家具文化能够更好地被继承，并发扬光大，在此对他们的帮助表示感谢。还有一起编写的东成家具有限公司的员工、华南农业大学的同事们，你们不仅积极协助本文图片的整理和资料的收集工作，还多次往返于校企两地，共同协商如何更好地完成编写工作，通过大家的不懈努力，才能保证该书编写完成。

开始编写工作后，所有参编人员都开始系统地收集相关的研究成果与文献、整理相关的图片，几经修改，最终编写完成。该书系统地对新古典红木家具的内涵、特点、材料、工艺技术、赏析与品鉴等内容做出阐释，试图在几个方面寻求突破：第一，提出新古典红木家具的概念与内涵，与传统的红木家具做区别与比对，肯定其存在的社会意义和文化价值，客观评价和正确看待当代红木家具的特点与发展趋势。第二，希望红木家具的文化艺术价值能够得以回归，打破传统红木家具标准的藩篱，科学看待各种木材的材质特性及因历史局限性造成的对材料认知的局限性，把人们的视线从名贵材料上移开，真正关注家具本身的文化艺术特色，而不是将红木家具的价值等同于材料的价值，让红木家具材料和红木家具产业良性的、可持续的发展。第三，详细地介绍现代红木家具制造的工艺技术，承认现代技术对传统家具产业的良性改造及与传统产业的结合现状，倡导在继承优良传统工艺技术的基础上，能够客观地看待并接受现代制造技术。同时也希望企业能够运用更先进的技术设备加工出更优良的产品，而不是粗制滥造的工业品。第四，书的编撰完成不仅仅是一次校企合作的成功尝试，更是一个搭建信息和专业交流平台的机会，希望通过此平台，可以将热爱传统红木家具行业的人再一次集合起来，群策群力共同谋划行业的未来发展。编写本书时，我们还有一些遗憾，比如时间太短促，很多内容没有时间细化和深化；因图片资料的收集太局限，不能非常全面地反映全国新古典主义红木家具的设计研发现状。同时限于编写时间和作者的水平，书中一定还有诸多争议和需要改进之处，欢迎读者不吝赐教，我等将万分感激。

值此出版时刻，笔者十分感谢中国林业出版社对本书出版的大力支持。也由衷地感谢纪亮先生、李丝丝女士对本书编辑出版所付出的辛苦劳作。

郭琼

2013年12月于羊城